宇宙人と聖人と超人のキーワード101語録集

児島由美 *Yumi Kojima*

たま出版

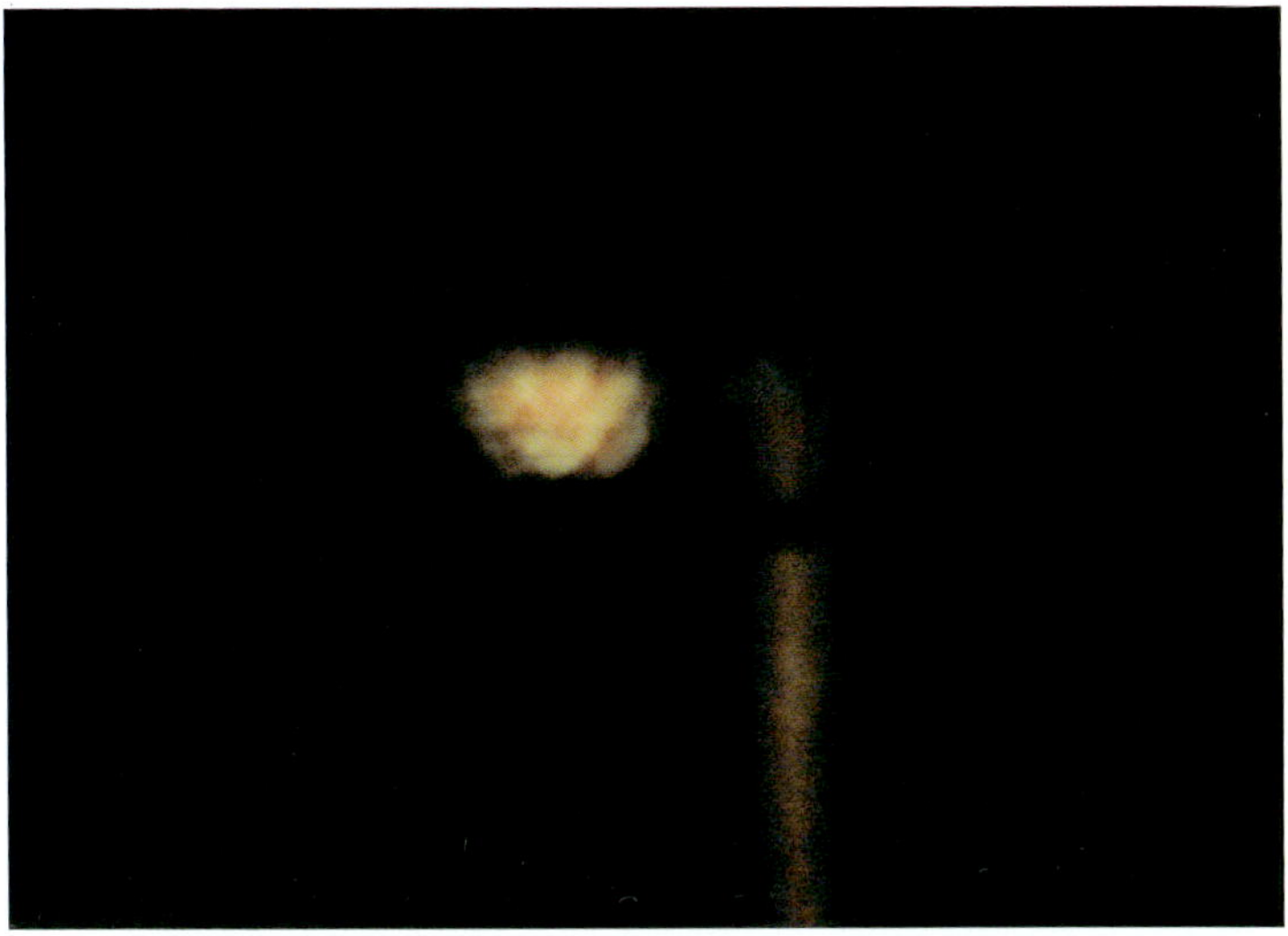

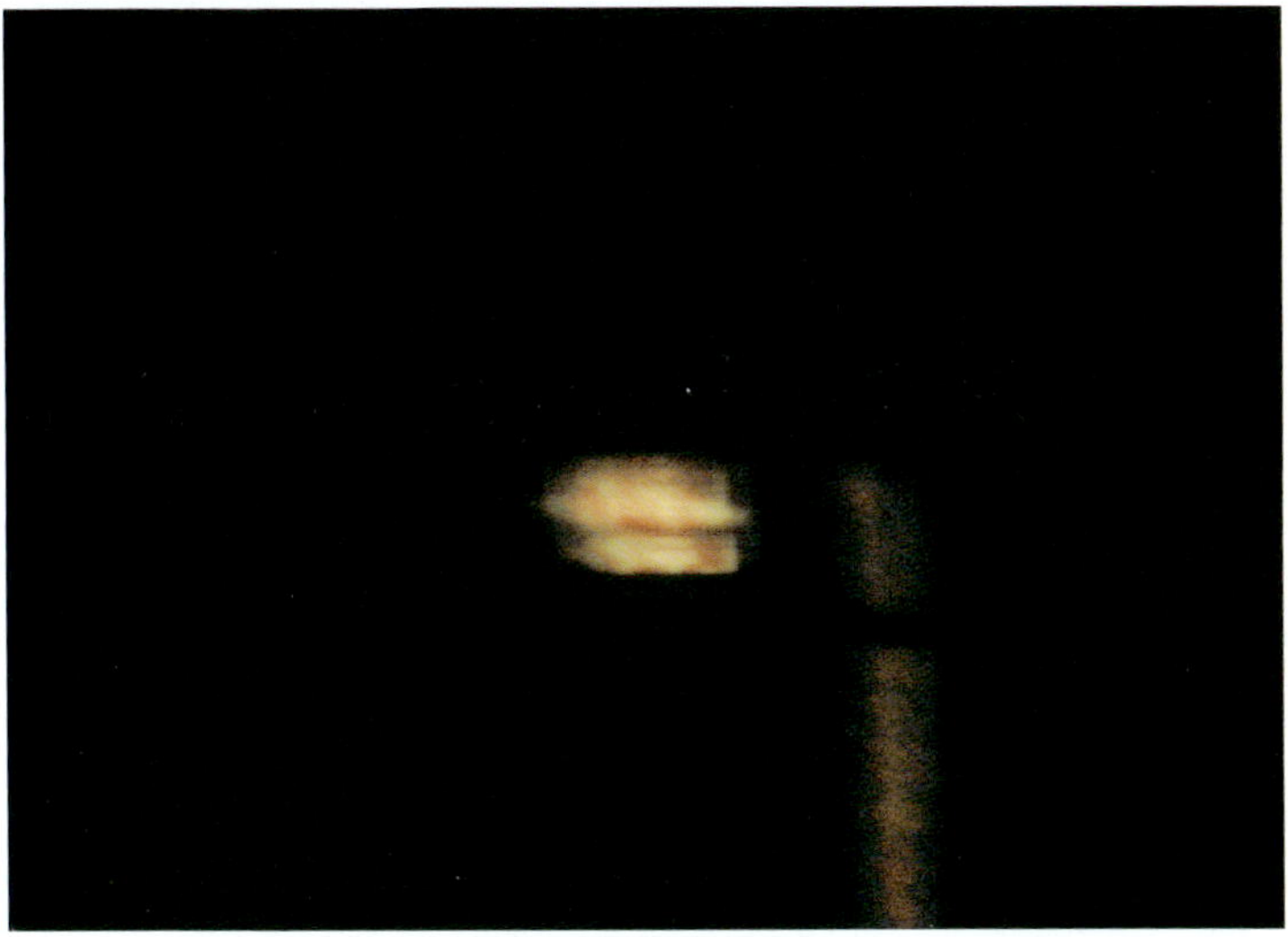

「きれいなＵＦＯを見せてください」と想念を送ったら見せてくれました
（2010. 12. 20）（「はじめに」参照）

松山で見たＵＦＯ。虹色の光できれいでした（２０１４．５．６）

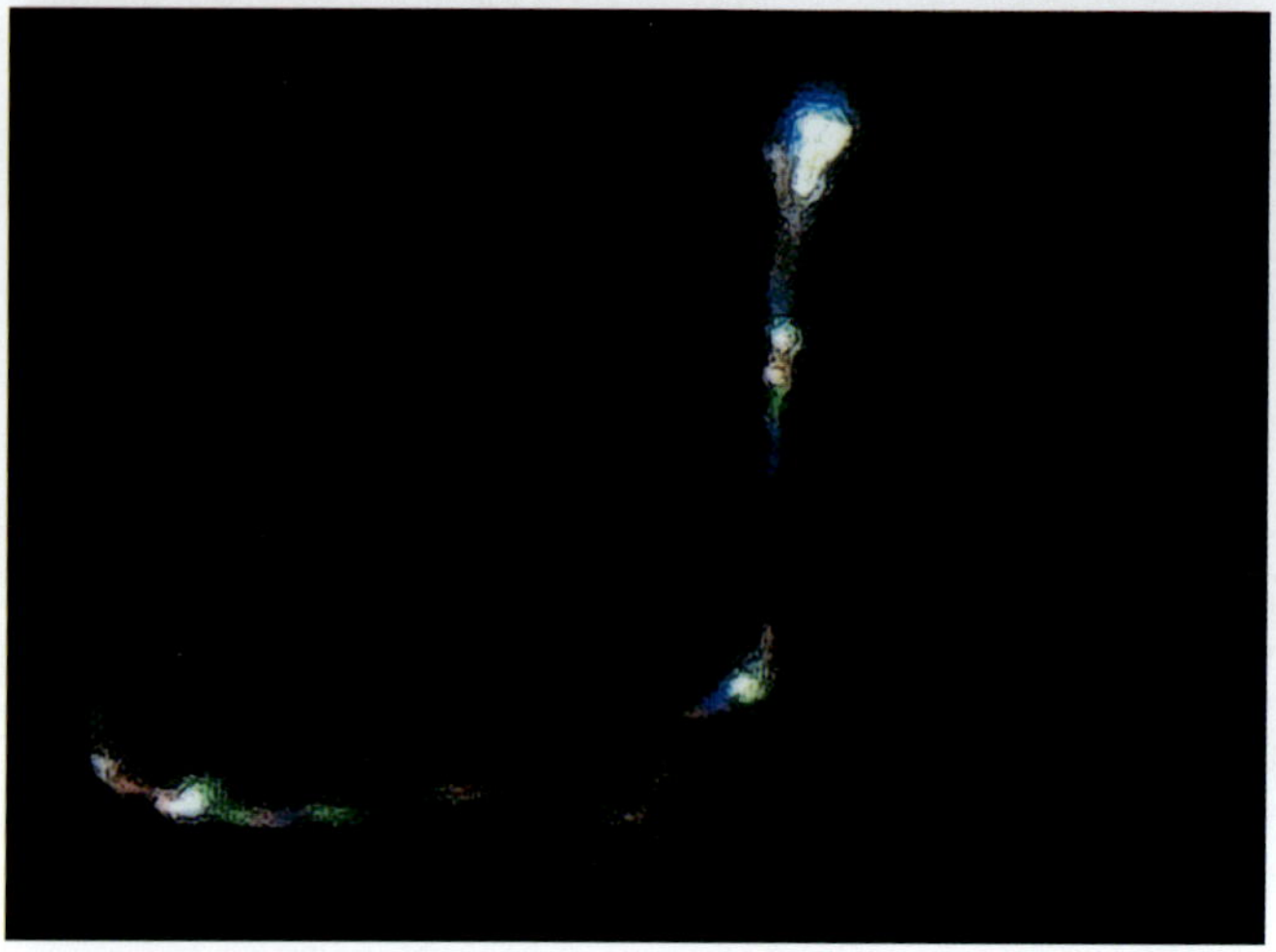

ＵＦＯが北の海から西の海へ。左端に♡ハートのマークが！（２０１４．６．30）

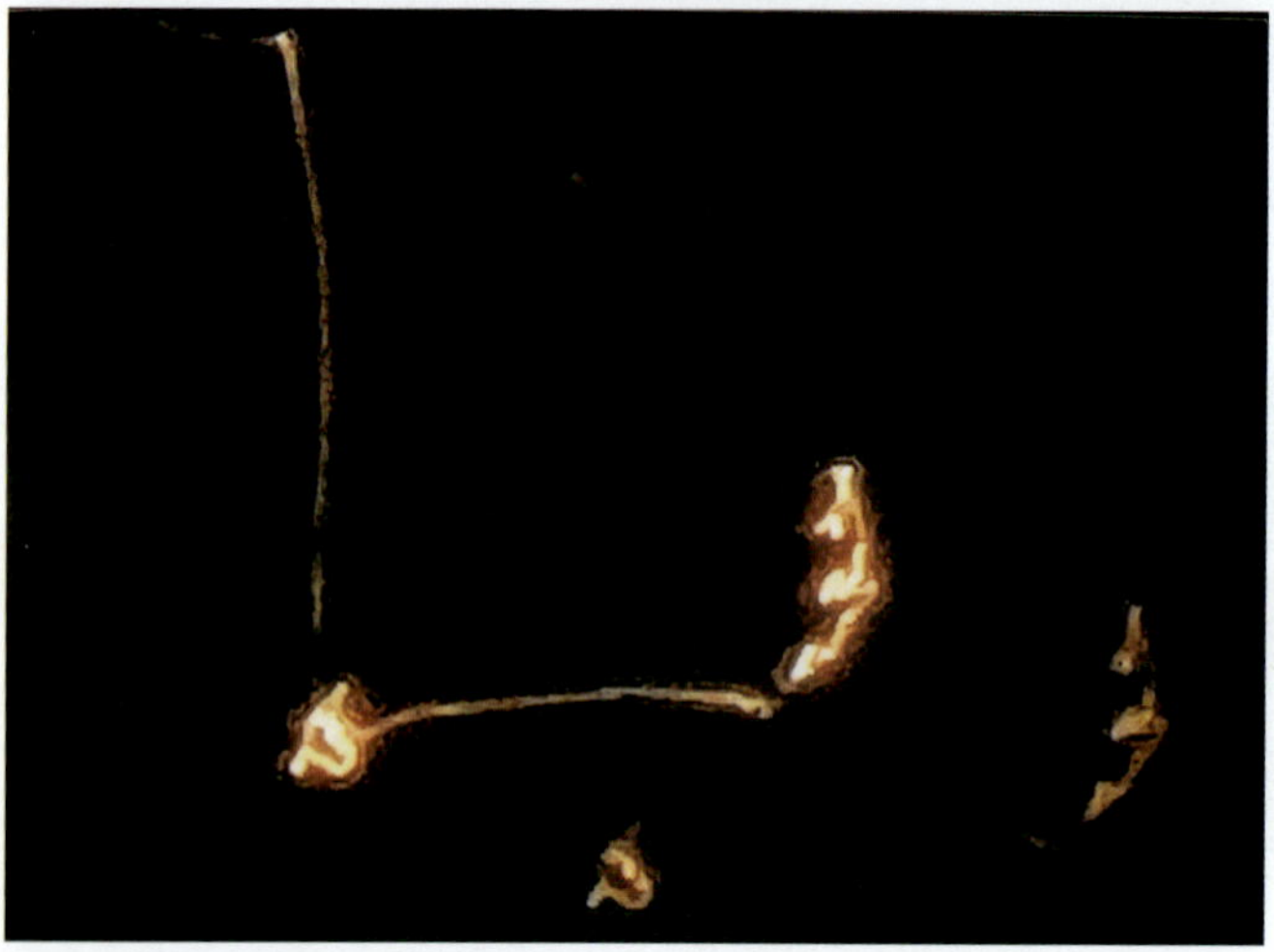

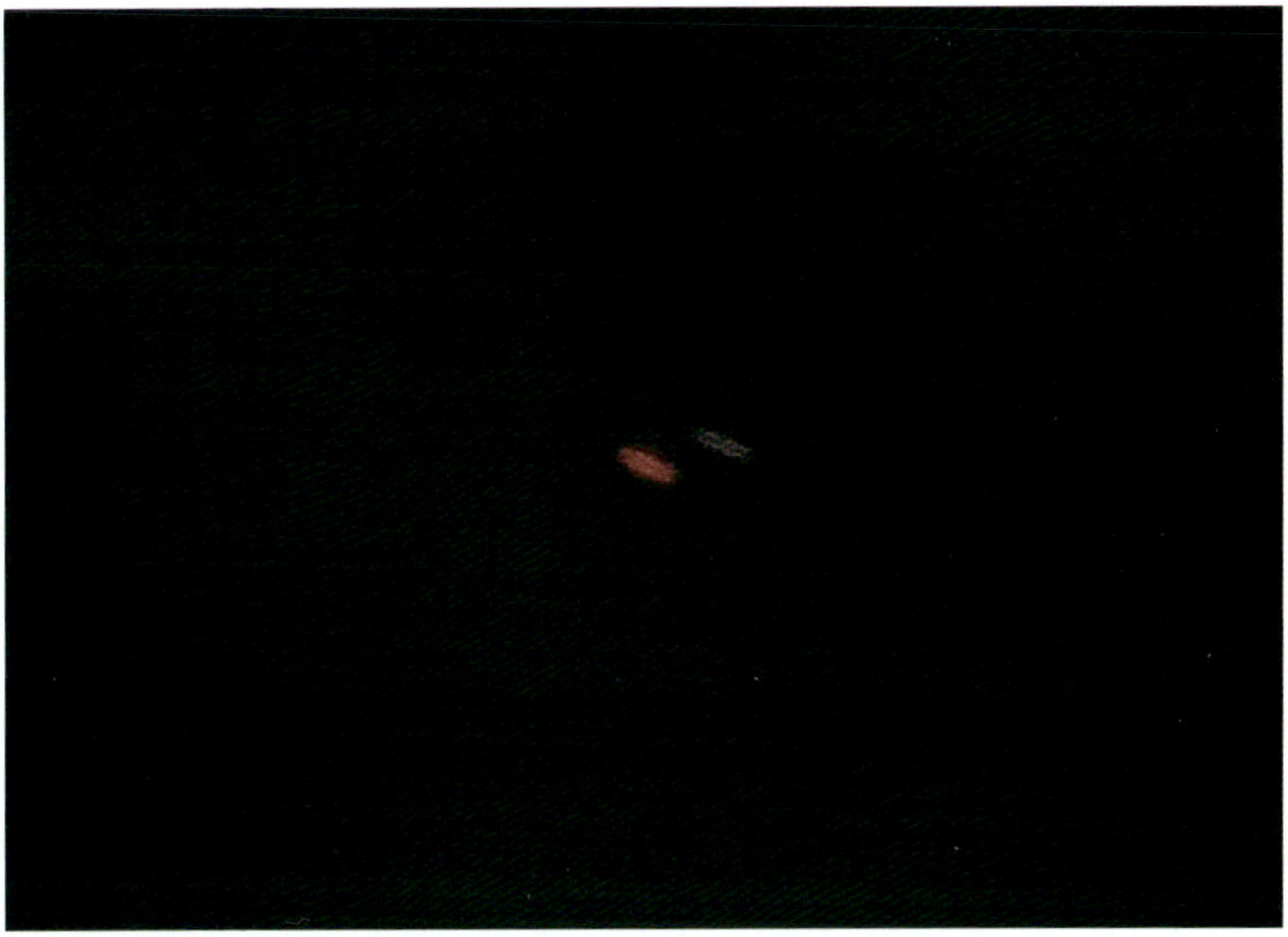

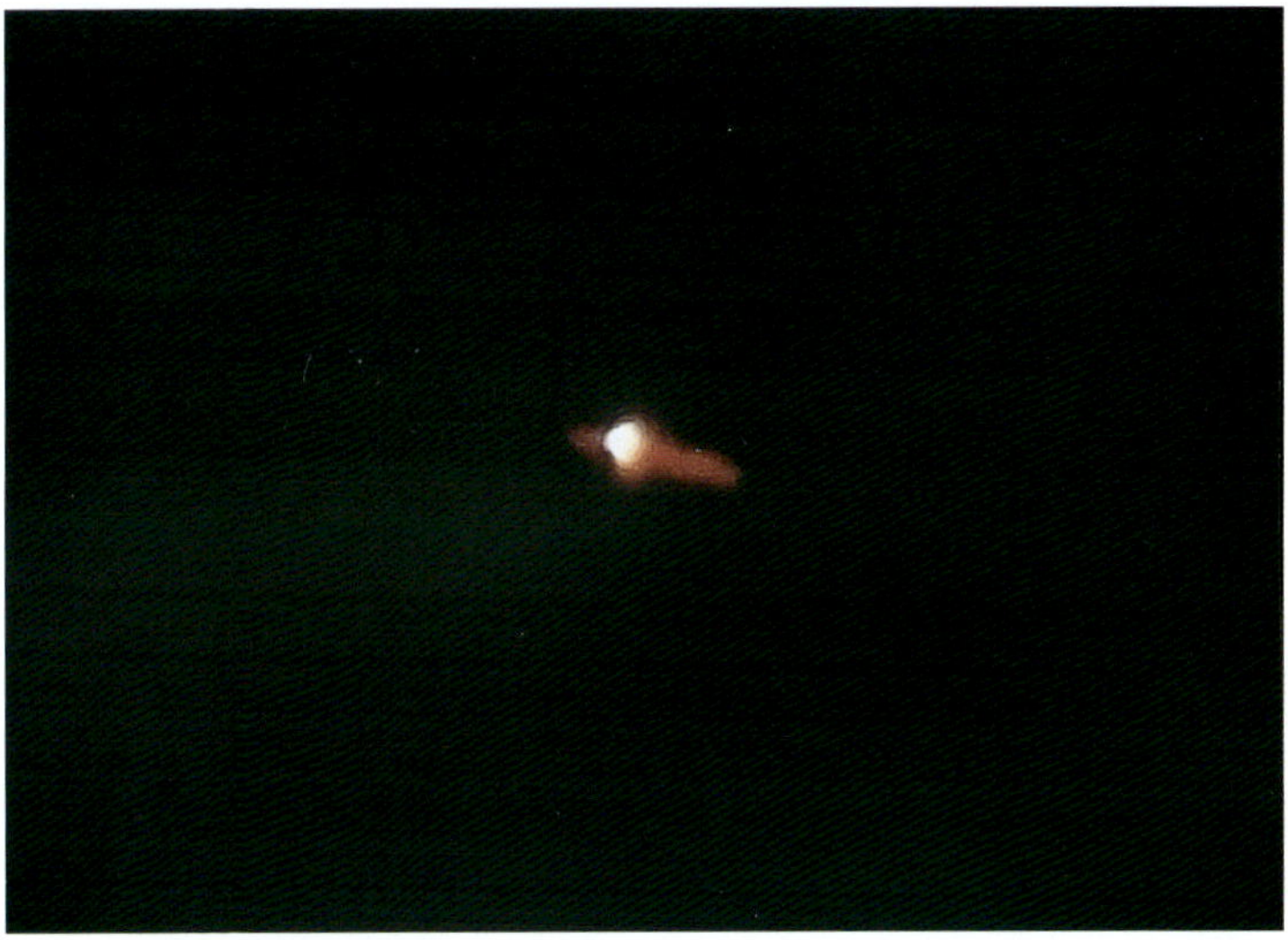

赤と白に光るＵＦＯで、まるで私の本の出版を祝福してくれているようでした。
小さな丸がつながっているように見えます（2014. 6. 30）（「おわりに」参照）

伊那分杭峠。左下と右上にＵＦＯ（２０１０．８．10）
（「０８２　癒やされたパワースポット」参照）

富士山近くの浅間神社。柱の横、真ん中にＵＦＯ（２０１０．９．１）（「０８２　癒やされたパワースポット」参照）

上高地明神池で、カモが池から上がってきて三十分ぐらい私のそばに一緒にいました（２０１０．８．30）（「０８２　癒やされたパワースポット」参照）

蓼科女神湖の食堂。右奥の吊るし雲の額の前の椅子の所にパワー感じました（「０８２　癒やされたパワースポット」参照）

京都・鞍馬寺。△印の所でパワーを感じました（「０８２　癒やされたパワースポット」参照）

ファティマの聖母像（グラナダ教会）（「０３１　ファティマ聖母（ポルトガル）」参照）

涙の聖母（カトリックの在俗修道会「聖体奉仕会」）（「０９８　秋田の聖母」参照）

はじめに

私は二十歳のころ、ジョージ・アダムスキー氏の『空飛ぶ円盤同乗記』を読んで感動し、ＵＦＯに興味を持ちました。そして三十年くらい前に、実際にＵＦＯを目撃したいと思い、夏の夕方、西方向の山を見ながら「ＵＦＯを見せてください」と毎日、想念を送ったところ、数日後に数機のＵＦＯが現れ、目撃できたのです。

うれしくて毎日目撃していましたが、主人が出張で留守の日の真夜中、西方向に、やはりオレンジ色のＵＦＯが見えたのです。そのうちの一機が急に大きくなり、ゆっくりこちらに向かって来たので、外へ出てみると、頭上を通り過ぎていきました。満月くらいの大きさでした。

その後育児などで、ご無沙汰していたのですが、以前、隣に住んでいたＹさんの奥さんをボスとする窃盗団にずっと追われて悲しくなったことで、ＵＦＯを思い出しました。そこで想念を送ってみると、やはり出現し、想念を送ると九年くらい前より、ＵＦＯを目撃できる回数が増えたのです。

ＵＦＯ関係の本をたくさん読んで、宇宙人が「人間は愛深い神に同一化するように愛深くなることが目的で生きるのが重要だ」とおっしゃっていると分かりました。

本書では、そうした宇宙人・聖人・超人の有意義な言葉を一冊にまとめてみました。それらを見習って生きていけたらと思っております。

目次

001

魂のレベルアップ

優良宇宙人は魂のレベルアップを盛んに述べています。その手段として「宗教」があります。

弘法大師（仏教）の「十善戒」は、キリスト教の「神の十戒」とほぼ同じ主旨だと思いますので紹介します。

1. 殺生をしてはならない。
2. 盗みをしてはならない。
3. 淫《みだ》らなことをしてはならない。
4. 偽りを言ってはならない。

5. 言葉に虚飾があってはならない。
6. 悪口を言ってはならない。
7. 二枚舌を使ってはならない。
8. 強欲であってはならない。
9. 怒ってはならない。
10. よこしまな考えを起こしてはならない。

そして、心構えも大切に。弘法大師と共に歩み、救済を信じること。グチや偽りを慎み、心安らかに過ごすように。

この世では「魂」が救済されることが大切で、お金がもうかることが大切なのではありません。煩悩を消し去り、悟りを目指しましょう。

002

アセンションへの準備

『アセンションへの道』（ジーナ・レイク著）より

☆**瞑想**……瞑想は皆さんのエネルギーの場を浄化させ、「光」を自分の中へいっそう取り込む効果があります。

☆**祈り**……祈りとは、純粋に「より高次の力」を喚起する行為です。

☆**「光の力」との調和を心の中で念じること**……毎日「光」との調和についての理解を深め、それを心の中で念じ、宣言するように。光との調和の実感を邪魔するあらゆる障害を取り除くのです。

☆**他者に奉仕する**……他人に奉仕する行為は、たとえそれがほんの小さな行為でも、あらゆる存在に奉仕している意味を持つのです。

☆親切でいること……他人に対して親切であれば、それは他人を癒やすことにつながります。親切な行動を心がけることは世界に大きな影響を与える選択の一つであり、自己治癒をもたらすというおまけもついてくるのです。

☆（他人が何を言おうと）自分の良心に従って行動すること……世界のすべてが、あなたがこの地球に生を受けた理由である任務の遂行を必要としているからです。

☆恵みを受けることを学び、感謝の念を身につけること……人生には、何の苦労もなく授けられるものが多くあります。例えば、この地球の美しさ、他者との愛や友情、身体や五感を通じて得られる歓喜、一輪の花から漂う芳香、小さな子どもの笑顔など、これらはすべてただで手に入る、天からの贈り物であり、誰にでも得られるものなのです。そのような喜びを常に感じていられるように心がけてください。そうすれば、皆さんの旅は、ずっと容易なものとなるでしょう。

☆そして最後に「笑うこと」です。

皆さんに平和があらんことを祈っています。

003

『わたしは金星に行った!!』S・ヴィジャヌエバ・メディナ著

アダムスキー氏は惑星世界の精神的な面を重要視したのに対し、メディナ氏は技術的な面に注目しています。

そのメディナ氏の著書『わたしは金星に行った!!』の主要項目を紹介します。

☆宇宙人との約束☆別の惑星からの来訪者☆円盤の機内に招かれる☆機内食・着陸・接近☆惑星の都市と交通☆工業生産の歴史とシステム☆農業と漁業の資料館☆トイレ・子ども用地区・葉巻型母船☆快適なホテルの施設☆視聴覚設備のリアルな映像☆音響イマジネーションシステム☆地球帰還後の反響☆宇宙人との約束を果たすまで☆再会時の驚異的体験

優良宇宙人の情報によると、ロック、ヘビメタなどの騒々しい音楽は魂を壊すそうです。物理的にはアストラル体が傷つくそうです。

ある二人のUFO研究家は、ハインリヒ・ビーバー作曲「ロザリオのソナタ」、ウィリアム・バード作曲「3声のミサ曲」をリラックスして聴いている時、クンダリーニが背骨を上昇して覚醒したそうです。

004

『テオドールから地球へ』ジーナ・レイク著

主要項目を紹介します。

☆まえがき☆テオドールから挨拶☆あなた方の創造主とあなた方がこれから向かうところは☆プレアデス人☆シリウス人☆オリオン人☆ゼータ・レチクル人☆グレイ☆今

日の世界における奉仕者と自己奉仕者☆初めてのコンタクト☆銀河系ファミリーとのさまざまな相違点☆自己の内なるものと外界における実現☆あなた方の未来☆付録密度について

メッセージ：「あなた方に求められることは、ただ一つ、澄んだ心を保ち続けることです」

「私たちはここにいます。大勢います。私たちは高度な科学技術を持っています。私たちは平和を愛しています」

005

アダムスキー氏の宇宙法則

ジョージ・アダムスキーが説いた宇宙の法則は素晴らしいので、一部紹介します。

魂を一滴の水に例え、「大海との一体化が究極の目標である。そして海の中で何かが起こるたびに、あの水滴はそれに関する知識を海全体と一緒に知覚できる」と述べています。だから、イエスは「父と私は一つである」と言ったのです。

エゴの塊は、やがて乾燥してちりに戻る運命しか残されていません。そしてそれは、イエスが「肉体を殺すものは恐るるに足らない。恐れるべきは魂を殺すものである」ということで教えようとした、もう一つのことであります。

イエスがその言葉の中で述べた「魂を殺すもの」とは、エゴにほかならないのです。「皆さんの心がエゴで満ちているとき、皆さんの正体は消滅する運命にある」と述べています。

●大超能力者　アダムスキー氏

ジョージ・アダムスキー氏は、五百億年ほどさかのぼって前世のすべてを透視できた大超能力者です。いろいろ素晴らしい知識をわれわれにもたらしましたが、「私は水路にすぎない」と、一切の名声を求めない姿勢が本当に素晴らしいのです。

その著作集も有意義です。スペースピープル（宇宙人）が私たちにもたらした知識は、過去のメシア（救い主）たちがもたらした知識とほとんど同じものなのです。イエスもそうでした。彼も私たちに知識をもたらしました。もしそれを十分に利用して生きてきたならば、私たちは今ごろ、はるかに素晴らしい進歩を遂げていたことでしょう。

マホメットも同じです。仏陀、孔子、老子、しかりです。彼らは地球人類に知識をもたらしました。異なった時代に、異なった言語で、しかも同じ知識を、です。宇宙的なもの、永遠なるものは、決して変化することがないのです。原理は決して変化しません。変化するのは、現象のみです。

「生命の科学　逐次解説ganetworkjapan.blog.jp　」は、超人アダムスキー氏が書いた「生命の科学」「テレパシー」の英文と訳と解説の分かりやすい無料講座です。講師は竹島正氏で、土日祝以外、毎日更新しています。ぜひご覧ください。

イエスは金星の教師だったのです。そして、オーソン（アダムスキー氏に会った金星人）に生まれ変わったと言われています。そのイエスの教えの聖書は、あのエドガー・ケイシー氏も毎日読んでいたそうです。

「ヨハネ」５・１〜５・５（新約聖書）より「信頼と愛の生活」

イエスがメシアであると信じる人は、皆、神から生まれた者です。神を愛する者は、その子をも愛します。神への愛とは、神の掟（神の十戒）を守ることです。その掟は難しいものではありません。神から生まれた者はすべて世に打ち勝ちます。私たちが世に打ち勝つこの勝利は、私たちの信仰（信頼）です。

◇神の十戒（思い、言葉、行いにおいて守ること）

1. 私（創造主）のほか、なにものをも神としてはならない。
2. 自分のために像を作ってはならない。
3. 主の名をみだりに唱えてはならない。
4. 安息日を聖とせよ。週一の休みをとりなさい。
5. 父母を敬いなさい。

6. 殺人をしてはならない。
7. 姦淫《かんいん》（不倫）をしてはならない。
8. 盗んではならない。
9. 隣人について偽証してはならない。
10. 隣人の家をむさぼってはならない。隣人の妻（夫）、財産を欲しがってはならない。

●UFOコンタクティー　アダムスキー

ジョージ・アダムスキー氏は次のように述べました。

「絶滅」

われわれが立ち止まって大抵の人の生き方を子細《しさい》に観察するならば、いったい人間は進化しようとしているかどうか疑問が生じてきます。ほとんどの生命界にも寄生虫がいます。彼らは生きようという努力のもとに立派にふるまって知的に見えるかもしれませんが、自分自身の狭い世界に閉じ込められています。よく調べてみますと、彼らの努力は極めて個人的満足のためになされているのです。これは、宇宙の目的からかけ離れています。

長年月の間、いささかも変化することなく大多数の他人のために不幸と悲惨とを生み出してきた人々のやり方を、人間は見たいのでしょうか。それとも、戦闘的な人や誤った嘘をまき散らして神に逆らっているのを見たいのでしょうか。

〝宇宙の計画〟に従った全自然は全創造物を平等に扱い、仕事を達せられないままに残したりはしません。このころから、われわれは永続する生命の状態を学ぶ必要があります。自然は永続的なものであるからです。それは絶え間のない変化の状態にありますが、〝宇宙の計画〟からそれることはありません。自然はその目的に役立たないものを取り除くのです。

人間は一つの目的のために二本の腕を与えられましたが、もし一本の腕を自分の身体に縛り付けてそれを全部使用しなければ、間もなく腕はなえて自分にとって役立たなくなってしまいます。〝宇宙の目的〟に無用となったタネは排除しなかったでしょうか。

しかし、人間の場合は違います。これについては二つの考え方があります。無神論または不可知論者を自称する人は、あなたが、この世を生き終わった時、完全に無になると言うでしょう。逆に、生命は永遠に続くのだと主張する人もあるでしょう。この両方とも正しいのです。それは、このような可能性がなかったならば、われわれどちらか一方について考えることができないからです。

すなわち、思想は事物であるからです。生命を持つためには永続するものがそれを得なければなりません。これが、イエスが次のように言った理由です。

「良い実を結ばない木は切られて火の中に投げ込まれる」

また、彼は実のなっていないイチジクの木を呪いましたが、これは、万物はその創造主に奉仕して報いるべきであって、自己の姿の栄光を自分自身に帰せるべきではない、という意味ですが、多くの人間はこれをやっているのです。

はっきり申しますと、もし永続しようとするならば、万物は自らが創造された目的に役立たねばなりません。イエスは次のように言っているではありませんか。

「肉体を斬るものを恐れないで、魂を斬るものを恐れよ」

ヒンズー教徒ごとき求道者たちは、もし人間が創造された目的のために役立たなければ、本人は人間としてではなく動物、爬虫類、植物となって生まれかわると教えています。これは火の中に投げ込まれる木と同じことです。つまり、それは再び木にはならないのです。その一部はガスとなって放たれ、その一部は風の前に灰として残り、再び利用されるでしょうが、元の木にはなりません。

これは、宇宙の計画に自己を一致させない人（神の十戒を守らない人）にも当てはまります。本人の各元素（体内の原子）は他の面で役立ち続けるでしょうが、一つの自我としては再び存在しないでしょう。

●『UFOコンタクティー』（ジョージ・アダムスキー　中央アート出版社）より

〝スペースブラザー〟を通じてもたらされた神なる〝父〟の教えはこの世の黄金と一時的な心の満足のために売られてしまったのです。

七十一年の生涯を通じて、私は地球人が富と考えているものを集めたことはないのですが、別に困ったこともありません。私には毎日供給がありました。私は地上のいかなる富や安全よりも偉大な永遠の知識を得ています。この知識こそ私が永遠に持ち運ぶものです。これこそ私の安全保障です。私は自分を生み出してくれた〝父〟に対する確固たる信念を持っています。そして〝父〟も私を無視したことはありませんし、私のあらん限りの力を持って〝父〟の目的に奉仕する限り、これから先も〝父〟は私を見捨て給もうことはないでしょう。人間の〝心〟は失望以外何物も、もたらしませんが、〝父〟は私を決して失望させたことはありません。あなた方は言うかもしれません。「しかし、神はみずから助ける者を助けるのだ」と。これも曲解なのです。

本当の意味は「神は神の意思（神の十戒）を行おうとして自らを助ける者を助ける」ということになります。「あなたの神の意思がなされるのであって、自分の意思がなされるのではない」というのが真実の意味です。

「まず、美しい想念を持つこと」

美しい庭を持つためには、人は庭の手入れをしなければなりません。それで、その美しい庭を持つためには人は、想念を美しくする必要があります。

個人についても同じことがなされるのです。世界は美しく残り、そんなふうに続くでしょう。それは自然の法則によって、手直しされ支配されているからです。これを言い換えれば、創造主の法則です。その創造主にどんな名前をつけようと、そこで、われわれが地球と同じように美しくなるには、われわれは同じようにその法則に従う（神の十戒に従う）必要があります。思い、言葉、行いにおいて守ることです。

「バチカンは別の惑星と連絡している」

私はブラザーヨハネに会いました。私はローマ法王をブラザーヨハネと呼んでいます（これはヨハネ二十三世を意味する）。法王はアダムスキー氏の宇宙人とのコンタクトをよく理解し、一九六三年に他界する前にアダムスキー氏をバチカンに呼んで黄金のメダルを与えました。

その（ローマ法王からの）手紙には、ローマカトリック教会が既にある場所で（他の惑星に送り込む）伝道者たちの訓練を始めていること、そして別な惑星を目指して出発する最初の宇宙船をアメリカが建造すること、カトリック教会の伝道者たちがそれに搭乗すること、それは別な惑星にカトリックの教義を伝えるためであることなどが書いてあるのです（地球のレベルが低いのにおこがましいが）。

実際にはわれわれ地球人が別な惑星の人々を必要としているのに、別な惑星の人々が地球人の教育を必要としていると考えるのは、手前勝手のようですが、まあいいでしょう。

「宇宙船はバチカンに着陸した」

そうすると、彼らは他の惑星に人間が住んでいることを既に知っているのですか？　という質問にアダムスキー氏はこう述べました。

実は、ヨハネが法王になる前に他の惑星の宇宙船が既に三度もバチカンに着陸しているのです。ヨハネの時代になってからも一度着陸しています。

それは、宇宙人が既にバチカンを訪れていたという意味ですか？　の問いには、そうです。私が法王に話をしにいったのは、イタリア政府とブラザーズの仲介があったからです。法王は私に小さな黄金のメダルをくれました。18カラット（十八金）

のものです。

006 聖フランチェスコの太陽の賛歌

『聖フランチェスコの祈り』より

主よ　賛美はあなたのもの　造られたすべてのものにおいて　特別に昼をもたらす兄弟　太陽において　彼によってあなたは光を下さいます　なんと美しく　輝かしいのでしょう。
その雄大な華麗さの中で！　いと高きおん者よ　太陽こそあなたの象徴です。
主よ　すべての賛美はあなたのもの　姉妹なる月と星ぼしのために明るく気高く美

しく造り　大空にちりばめてくださった……。
主よ　すべての賛美はあなたのもの　あなたへの愛によって　互いに許し合い　病
や困難を耐え忍ぶもののために。
なんと幸いなことでしょう。
平和の内に耐え忍ぶ者　いと高きあなたから王冠を頂くのですから。
主よ
すべての賛美はあなたのもの　姉妹なる肉体の死のために　人は誰もこの死の抱擁
をまぬがれない。
致命的な罪のまま死を迎える者は災い。　なんと幸いな者たち、　死に出合う時
いと清き　御旨をはたしているならば　第二の死は何の害も与えることはできませ
ん。
主を祝し賛美せよ　感謝を捧げて仕えよう
深いへりくだりのうちに。

007 小さな宇宙人アミ

『アミ小さな宇宙人』（エンリケ・バリオス著）より、バリオス氏が宇宙人から得た情報です。

進歩とは、愛により近づいていくことを意味しているんだ。最も進歩した人が、より崇高な愛を体験し、より深い愛を表現するんだ。

本当の人間の大きさとは、ただ、其《そ》の人の愛の度数により、決定されるんだよ。（宇宙人は愛を測る機械有）われわれ（宇宙人）にとって、科学と精神性（霊性）は同じことなんだ。やがて、地球でも科学が愛を発見した時には同じようになるよ。愛は力であり、振動であり、エネルギーなんだ。光もまた、同じようにエネルギーであり、振動なんだよ。エックス線も赤外線も紫外線も、そして思考も、みな異なった周波の「同じもの」の振動なんだ。周波が高ければ高いほど、物質やエネルギーがより繊細になる。この「同じもの」とは愛なんだ。だからどんなことでも愛に反した行いは、きみ自身に反した行いになり、愛である神に反したことにもなるんだよ。だからこそ、宇宙の基本は愛であり、愛が人間の最高位のもので神の名を〝愛〟と言うんだよ。宇宙の宗教とはまさに、愛を感じることであり、愛を捧げること。これにつきるんだよ。

僕たちは、神の純粋な愛そのものに少しでも近づくように努めるべきなんだ。

008

神の探求

『神の探求I』（エドガー・ケイシー著）より

徳とは、主の中の主、王の中の王であるキリストの理想をしっかり守ることを意味します。徳とは、心の純粋さ、魂の純粋さ、精神の純粋さであり、そのような純粋さは、私たちの霊とともに証する、神の霊によってもたらされます。徳は信仰の芳香であり、希望の核であり、真理の最上の要素であり、神の属性です。徳のあるところには理解があります。なぜなら魂の徳と理解は車の両輪のような関係にあるからです。

人生の神秘は、神の御座に近づこうとする者のみ理解されます。心の中で培われた徳こそが真の理解へ至る確実な道です。

009 優良星

『生命と科学』（関英男著）によると、洗心できた人々だけで社会がつくられた優良星では、宗教が必要ありません。

犯罪というものが考えられませんので、警察、検察、裁判所もいらない。留置所も不要です。また、個人の家でも金庫、塀が不要です。病気がなく、すべての人が健康に恵まれるのはもちろんです。念波や天波を利用しテレパシー通信が可能です。空中浮遊や瞬間移動が可能です。よろしからぬ欲をなくしますので、一部の人が大もうけすることも皆無です。貨幣制度がありません。学校では、早い時期から創造主のいらっしゃる宇宙センターや大宇宙の構成について学びます。素晴らしいですね。

この地球では、良い想念の人が多くなれば、これから起こるであろうカタストロフィーが遅れたり、和らいだりするかもしれません。

010

異次元世界の研究

異次元世界の不思議な現象の研究に心血を注いだ内田秀男氏はこう述べています。

「四次元的、神秘的な事実現象の研究が盛んになることは大いに歓迎するところであるが、この分野の研究をする者は、少なくとも神仏の信仰、先祖の供養をし、礼儀を正し、己の身体のオーラを前傾斜にしてから（洗心してから）研究をやらせていただくという態度が大切であると思う。〝我〟の心で、この分野の研究を進めると、四次元の神秘ではなくて、魔の世界に入り込んで大変なことになる」

かつて、ある霊能者は神社のお札を趣味本位で解体し、後に片方の目を失明したそうです。

011 オーラについて

電波にもオーラがあると霊能者から教わった『四次元世界の謎』の著者・内田秀男氏は、人間のオーラも電気的に測定できると考え、オーラ・メーターを創りました。「オーラ（生体エネルギー）はある種の電界である。心に悩みのある人は頭上にエネルギーの弱まっている部分が出来る。寝不足や二日酔いでも出来る。コーヒーを飲んだ後、三十分以内に計測すると、お腹の周りに出来る。盲腸をした人のオーラも衣服に関係なく、手術の部分に生体エネルギーの弱まっている部分があった。そして、極め付きは怒っている人を測定すると、通常のオーラ電界の中に頭から一本または二本の角状の放射異常部分が生じ、数時間持続することが観測された」

オーラ形状については、礼儀正しい人は全体の向きが前に傾き、我が強い人は後ろに傾くことが分かったそうです。以前読んだ宇宙人情報によると、人間の愛の深さは振動数と同じなので、機械で測ることができるそうです。良い想念が、いかに大切かが分かります。

012 瞑想（沈思黙考）

ウエイン・ダイアー氏の本に、「毎日、たとえ五分でも、沈思黙考の時間を持つように」とありました。

エドガー・ケイシー氏の『神の探求Ⅱ』では、瞑想法で心と体を清め、祈りによって自分を捧げ、憎しみや貧欲といった悪意を私たちの心から遠ざけ、その代わりに愛と慈しむ心を培い、謙虚の徳を養いましょう」と述べられています。

こうして用意できたところで、瞑想すると神からの啓示があるかもしれません。

発明、発見、創造などの……。

013 ツインソウル

『ツインソウル』（エンリケ・バリオス著）は深遠でよかったです。

「レベルの高い次元では、だれも私たちを傷つけようとなんか考えないわ、その反対よ」

「もしそうなら、人間を誘拐したり、人体実験したりする宇宙人についてはどうなんだ？　嘘だって言うのかい？」

「まったくデタラメよ。催眠術にかかった状態で出てきた話は、すべて無効と考えるべきよ。自分が創造した怪物と出くわしたりするのよ。でもそれは正確に言うと宇宙人ではない」

「だとすると何なの」

「低い次元の存在」

「そのとおりよ。低い、あるいは、高い次元に存在するものについて学んだでしょう。低い振動の人は悪い行いをする、とも。つまり、こうした存在がとても低振動だったら、周りのものもすべて振動が低くなる。だから、私たちが低い振動の存在を許したら、侵入してくるウイルスや細菌のように、私たちに危害をもたらすのよ。だからこそ、私たちは一般的に『悪の力』と呼んでいる」

「そうした存在が僕たちの地球を支配しているわけではないよね」

「いいえ、明らかに支配しているのよ」

「不正義や暴力や競争や苦痛をなくし、兄弟愛や平和や協力を達成したすべての世界は、宇宙の親交世界の仲間入りができるの、そして、今度こそ、これを達成したいと私は願っている」

014 忍耐を養う

『神の探求Ⅰ』（エドガー・ケイシー著）より

私たちは、自分の知っていることを、忍耐をもって実生活に適用していくうちに、神の法則を少しずつ理解していきます。忍耐を身につけるには、祈りと絶え間ない自己観察が必要です。

これを怠ると、ちょっとした油断からつい怒鳴ったり、短気な行動に出たりします。これでは自分をつまずかせると同時に、怒りに巻き込んだ相手もつまずかせます。こうした自己中心性を改めない限り、忍耐は身につきません。

このことをしっかり認識することは、それ自体が大きな一歩です。キリストのうちに自己を失い、奉仕のうちに自己を見出しましょう。

キリストのうちに自己を失い、父と一つである自分を見出しましょう。この歩みは不思議な力を持ち、その実現は神性を帯びます。私たちの思うこと、話すこと、行うことのすべてが忍耐の精神に促されるなら、人々は私たちの実例にならおうとするようになります。

すべての人の中に神を認める人は、誰もがこのことを経験します。日々の試練の中で、私たちの忍耐は試されます。日々生じる新たな障害を克服していくことで、私たちは成長します。

神は焼きつくす火であり、神と一つになることを望むすべての者を清め給います。私たちは忍耐によってのみ打ち勝つことができます。

すべての人にやってくる試練が私たちに臨んだときにも、神は共にいて私たちを支えてくださいます。

015

人生七つの法則

『前世』(江原啓之著)によると、七つの法則を心に刻んで生きていれば、あわてることなく苦難を乗り越えられるのです。

1. **霊魂の法則**――人は皆霊的存在である。
2. **階層の法則**――死後、前世で培った魂の成長に応じた場所へと向かう。
3. **波長の法則**――人は同じ波長の人を引き寄せる。
4. **守護の法則**――自分に寄り添い見守ってくれる守護霊の存在を信じる。
5. **類魂の法則**――人は霊界のふるさとに強い絆で結ばれた・霊魂の家族(グループソウル)を持っている。

6. カルマの法則――自分がしたことは、必ず自分に帰ってくる。
7. 幸福の法則――この七つの法則が一つでも欠けてはならない。

暗闇の中で生きていくのか、改心を誓い自分らしい人生を全うするのか、今まさに、私たちは決断を迫られています。「社会が悪い」などと言っている場合ではありません。胸に手を当てて「自分は正しい行いをしていると言えるだろうか」と自問自答してみてください、とのことです。

「多くの人が現世で求める幸せは、財を築いて、地位を得て、健康で長生きなど物質主義的価値観だが、魂のことを考えずに、欲しいもののためなら何でもする自分本位な行動をしている限り、心の平和はない。霊的価値観による幸せとは、大きな試練に立ち向かい克服しながら愛を学び自からの魂を向上させること」

順風満帆の人生だけが素晴らしいのではなくて、さまざまな経験をする人生こそ素晴らしいのです、とのことです。

016

宇宙人の生活

「優良宇宙人（宇宙人エリナ）の生活」

1．洗心を心掛けている。常に宇宙の法則に従い、感謝の生活をしている。
2．食べ物は野菜、果実、穀類が主食で、肉類はいっさい食べず、海藻物は少し食べる。ジュースは飲む。酒は少し飲む。
3．精神性を向上させ、人類として進化をはかるため人生を送っている。
4．貨幣制度なし。
5．仕事はすべて奉仕で成り立っている。
6．寿命は二千歳～三千歳が平均的。中には三万歳～五万歳の長寿。しかし、ほとんど二十歳～三十歳くらいにしか見えない。

7．娯楽施設はなく、皆で、ダンスを踊ったり、歌をうたったりして楽しむ。
8．病人がいないので、病院がなく、医者もいない。
9．自然災害は起こらない。

017 宇宙人の新情報

☆太陽には水があり、黒点は大森林。
☆ＵＦＯは光速の一万倍の速さで飛行する。
☆エジプト・ギザの大ピラミッドは、ＵＦＯのアレモ人トトが造った。
☆マチュピチュの遺跡は、数千年前のカシオペア人が造った。
☆ナスカの地上絵は、半神半人のピラコチャ人が造った。

☆ストーン・ヘンジはプレアデス人がつくった石造りのコンピューター。
☆地球は一億年に一回起こる大変動移送変換期と一万三千年毎に起こる大地殻変動期を迎えようとしている。
☆ノーバ・テラ星に、阪神淡路大震災で死亡または不明の人たち六千四百三十四人のうち数百人が移住している。つまり、ＵＦＯが救済してノーバ・テラ星に非難させた。
☆Ｅ・渡辺氏は大山神社からＵＦＯに乗せられてコンタクトが始まった。

018 宇宙の仕組み

☆宇宙の中心には「パラダイス」と呼ばれる情報コントロールセンター（創造主）が

あり、全宇宙を統制している。
☆宇宙には意思が存在する。
☆宇宙は精神世界を統制している。
☆宇宙には十項目の宇宙法則がある。その要旨。
・神は宇宙の法則の根源であり、人間は宇宙の法則に従っていかなければならない。
・不競争の法則。人を傷つければ、自分も傷つけられる。
・原因と結果の法則。原因のあるところに必ず結果が生じる。
・適者生存の法則。地球人として正しく生きることを自覚している者。洗心を心掛ける者。神の教え（十戒）に従い神に認められる者。
・人生の目的は、洗心を心がけ、充実した生活を送ること。

019 良い音楽

『そうだったのか　宇宙人と銀河世界とこの世の超仕組み』（大谷篤著）は興味深かったです。

コップの水に音楽を聴かせて凍らせたところ、ベートーベンの「田園」、バッハの「ゴールドベルク変奏曲」、モーツァルトの「交響曲40番」を聴かせたものは結晶がきれいな六角形になりました。やかましいヘビメタの曲を聴かせたものは、見るからに汚らしい結晶が映し出されました。これは、「ありがとう」の文字を見せたコップの水からはきれいな結晶が映し出され、「ばかやろう」と書いた文字を見せた水からは汚らしい結晶写真が映し出されたのと同じ結果です。

つまり、宇宙人が「ロックやヘビメタ音楽は魂のためにいけない」と述べたことが証明されました。また、言霊もとても大切であることが分かりますね。

020 隣人愛

「新約聖書の隣人愛」

互いに愛し合うことの他に、だれに対してもどんな負い目（借り、責任を果たさない）もあってはなりません。他人を愛する者は、律法（神の十戒）を完全に果たしているのです。「盗んではならない、殺してはならない。姦通してはならない。むさぼってはならない」など、また、他に何か掟があっても、それは「隣人を自分のように愛せよ」という言葉に要約されます。

愛は隣人に悪を行いません。したがって、愛は律法を完全に果たすものです。

021
幸いな人

「イエスの山上の垂訓の幸いな人」

自分の貧しさを知る人は幸いである。天の国はその人のものだからである。
慈しむ人は幸いである。その人は慰められるであろう。
柔和な人は幸いである。その人は地を受け継ぐであろう。
義に飢え渇く人は幸いである。その人は満たされるであろう。
あわれみ深い人は幸いである。その人はあわれみを受けるであろう。
心の清い人は幸いである。その人は神を見るであろう。
平和をもたらす人は幸いである。その人は神の子と呼ばれるであろう。
義のために迫害される人は幸いである。天の国は其の人のものだからである。

私のために人々があなたをののしり、迫害し、またあなた方に対して、偽りを言い、あらゆる悪口を言う時、あなた方は幸いである。小躍りして喜べ。天においてあなた方が受ける報いは大きいからである。

あなた方より前の預言者も、同じように迫害されたのである。

なお、アダムスキー氏と会ったオーソン（魂）はイエスであったという説もあります。

022 銀河文明

『5次元入門』（浅川嘉富著）によると、オリオン文明における陰と陽のエネルギーの統合を、別の場所で実施しようとする人々が出現しました。そこで、宇宙の新たな場所で再出発する舞台として選ばれたのが「地球」です。こうして「創造の礎たち」は肉体を持つさまざまな宇宙人を動員して、地球人類の創出にあたらせることになったそうです。

しかし、統合を目指したはずの地球でも、事は思うように運びませんでした。長い歳月を経た今日でも、わが地球でオリオン文明の過去のドラマが演じられているのは、見てのとおりです（あらゆる分野で、神の十戒破りや金権主義などが行われています）。

一方、現在のオリオン文明は既に戦いの傷跡を癒やし終え、次なる次元に向かっての新たな歩みを始めているそうです。

地球人の創出には、地球の土着種族と地球外種族の双方の遺伝子が必要なことが明らかとなり、その対象として選ばれたのがプレアデス人であったそうです。こうして地球上に新たな人間型種族が誕生したわけですが、その最初の種の一つがネアンデルタール人といわれているそうです。

023

銀河系宇宙の重要な文明

『プリズム・オブ・リラ』（リサ・ロイヤル著）より、地球から見てこの銀河系宇宙の重要な文明。

☆**琴座**……人間型生命体が「誕生」した領域、銀河系宇宙人一族に属す人間型生命体は、すべてこの琴座で生まれた種族と遺伝的につながりを持っている。その名のとおり、琴座は人類の歌を奏でる象徴的なのである。

☆**ベガ**……琴座の恒星。もとは琴座で生まれた種族の子孫だが、ベガ人は信条や行動面で彼らの先祖と対極をなす種族へ発展していった。このため、琴座とベガ人との間の争いは絶えなかった。

☆**エイペックス**……琴座にあった惑星。統合された社会を築く試みが最初になされた惑星である。

☆**シリウス**……地球上の神話では、「犬星」として知られる。三つの恒星からなる集団。琴座人が最初に入植した領域の一つである。シリウスでは統合のモデルにし、高い統合への道が模索された。

☆**オリオン**……両極の統合が困難を極めた戦場。オリオン人はシリウス、琴座人（リラ）、ペガ人の子孫である。オリオンは地球と直接つながりを持つ。

☆**プレアデス**……琴座人から分岐した人々によって、入植された領域である。プレアデス人は地球人と遺伝的に最も強いつながりを持っている。

☆**アルクトゥルス**……地球が将来到達すべき理想の状態、あるいは元型を表している。アルクトゥルスは個別意識や惑星意識の癒やしを助けており、基本的にその波動は、「天使界」とみなされてきた六次元にある。

☆**レチクル座ゼータ**……地球と密接なつながりを持つ文明。いわゆるベティ＆ヒルズ夫妻事件で有名。

024 パドアの聖アントニオ

「言葉を踏み外さない人は完全である」と使徒ヤコボは述べました。確かに聖人方はみな、言葉を賢明に使い、神の栄光と人々の救霊に尽くしました。聖アントニオは特にこの点で卓越した聖人だったのです。

聖人は一一九五年、ポルトガルのリスボンで、貴族出の将校の子として生まれました。この聖人が説教すると、町全体が教えを聞きに集まったそうです。

ある時、大海に向かって「魚たちよ、私の話を聞いておくれ」と言うと、たちどころに魚が集まってきました。「魚たちよ。おまえたちにこのような尊い要素をお与えくださった創造主に感謝しなさい」と魚に説教しました。

またある時、ツールーズでボンピロという男が聖人に奇跡を要求し、「私のロバに三日間何も食べさせずに、そのあとであなたは聖体を、私はえん麦《ばく》を持っていこう。もしそのときロバが、えん麦でなく聖体を拝んだら、私も信者になろう」と言いました。三日後にポンピロはえん麦をロバの鼻先へ持っていきましたが、えん麦には目もくれず、聖体をかかげた聖人の前で、ロバは前足を曲げて礼拝するようにひざまずいたのです。

聖人のお墓では、多くの奇跡が起こったそうです。

025

聖ラザロ

キリストが行われた奇跡の中で、死者をよみがえらせたものが三つあります。ヤイロの娘、ナイムのやもめと一人息子、ラザロの復活です。いずれも神の全能とその栄光を表すとともに肉親のよみがえりという、信仰を固めるのに役立っています。

ラザロはキリストの時代、エルサレム郊外のベタニアに姉マルタ、妹マリアと一緒に暮らしており、キリストはこの一家と親しくしていました。

そのラザロが急に発病し、間もなく重体になってしまいました。そこで、姉妹はイエスに使いを送り、「主よ、あなたの愛しているラザロが重体です」と伝えました。ところが、イエスはすぐには見舞いに行かず、二日後に「ラザロが亡くなったので行こう」と出発したのです。イエスがベタニアに着いた時は、ラザロが埋葬されて四日もたっていました。イエスは墓石を取り除き「ラザロ、外に出なさい」とお呼びになりました。すると、死んだラザロが動き出し、全身埋葬用の布に包まれたまま出てきたのでした。

この奇跡で、多くのユダヤ人がキリストを信じたので、キリストの敵ファリサイ人は、いよいよキリスト殺害の計画を進めました。そのため、ラザロの身辺は危うくなりましたが、主のはりつけ、復活、昇天後も不思議に敵の手をのがれ、福音伝道に余生を捧げたのです。

026

聖カタリナ

聖カタリナ・ラブレーは一八〇六年、北フランス農村に生まれました。八人兄弟でしたが、さらに九人目のカタリナのあとに妹と弟が生まれ、家族は喜びに満ちていました。ところが末の弟が荷馬車から落ちて動けなくなり、九歳の時に、この心労で母が亡くなりました。カタリナのショックは大きかったのですが、聖母に依り頼み、奉献しました。

カタリナはある時夢を見ました。その夢で、年老いた神父がこう言ったのです。

「あなたはいつか私を見つけるでしょう。神様はあなたに託す一つの計画を持っています」

ある時、聖ビンセンシオ・ア・パウロ神父がその夢の神父と分かり、愛徳姉妹会に入りました。（シスターになる）ある晩祈っていると、聖母が現れて、こう告げました。

「不思議のメダイを指示通り作りなさい。これを信じて広めなさい」

以前、南米のある国の大統領の息子が胸を銃で撃たれましたが、ちょうどメダイの上で助かったそうです。お恵みとは霊的恵みも含まれます。

カタリナの遺体は死後五十六年たっても完全のままで、現在パリの不思議のメダイ教会の祭壇の前に置かれたケースに入っています。

私は肉眼で見ました。

027

聖ヨゼフ

人間の中で聖母に次ぐ偉大な聖者といえば聖ヨゼフでしょう。というのも、彼は聖母の浄配、キリストのご養父として神の特別なお恵みを受けていたからです。旧約聖書によると、救い主はユダヤ国王ダビドの子孫から生まれるはずになっていました。ダビド王より約二千年後、四十二代目ヨゼフもナザレトで、大工、木工職人として、毎日の糧を求めたのです。

また、その仕事を通して、宇宙の創造主の英知と力を賛美していました。彼は謙遜で貞潔、しかも律法（神の十戒）には忠実で、その思い、望み、行いは神の御前にも人の前にも一点の非のうちどころがありませんでした。それで、神も奇跡的にこれを同じダビド家系のマリアと婚約させました。

聖ヨゼフの御絵には、ユリの花を持ったものが多いのですが、これは次の伝説に基づいています。

エルサレムの大祭司ザカリアは天使の勧めに従い、マリアのむこを選ぶため、ダビド家の独身者に杖《つえ》を持ってこさせて、熱心に神殿で祈りました。すると、ヨゼフの杖だけに花が咲いたのでヨゼフが選ばれたというのです。

028 聖クララ

「敬愛すべき婦人、その名はクララ（光輝くもの）。その光栄ある生涯の光はあらゆる国に照り輝く」

十三世紀、シラノのトマスはその著「聖クララの説話」の中でたたえています。実際、クララは有り余る程の富、名誉、快楽からいっさい心を引き離し、アシジの聖フランチェスコの最初の女性の弟子となって身を修め、徳を磨き、またフランチェスコ第二会のクララ会の創立者として修道女たちを寛徳に導き、なおその聖徳の光は今にいたるまで、主のみ、あとに従う人に天国の道を照らし示しています。

クララは、一一九四年、アシジで勢力ある裕福な貴族の家に生まれました。やがて、クララと同志たちはサン・ダミアノ聖堂に住み、互いに励まし助け合いながら、福音的寛徳の生活を営みました。その徳を慕って、おもに上流家庭の婦人たちがぞくぞくクララの下に集まりました。

一二四〇年、サラセンの大軍がアシジに侵入して聖堂を壊し、貴金属を奪い、婦女子を暴行したのです。クララの修道院にも危険が迫りましたが、クララは恐れ騒ぐ修道女たちを落ち着かせ、「主よ、私には主の愛し給もう姉妹たちを守る力がございません。願わくは、主、御自らその全能によって彼女らを守り、これを異教徒の手に渡し給わざれ」と祈った後、聖体の入った容器を奉持し、修道院に乱入しようとするサラセン軍の方に向けました。すると突然、聖体の器から出たまばゆい光に敵軍はあわてふためき、一目散に逃走してしまったそうです。

こうして、クララは病弱の身にも屈せず四十二年間、サン・ダミアノ修道院で聖フランチェスコの精神をよく体得し、修道女たちの良い手本となり、一二五三年、聖なる魂を神のみ手に帰しました。

029

聖イシドロ農夫

ある種の技術や職業は誰にでもできるわけではありませんが、救霊を得ること（聖人になること）は誰にでもできます。それには神の掟を守り、すべての艱難《かんなん》や試練を耐え忍びながら、自分の職務をできるだけ忠実に果たしさえすればよいのです。農夫の聖イシドロは、別に世の耳目を引くようなことをしたわけでもなく、ただ「祈りつつ働け」という生きた模範として、一見平凡とも見える生涯を送ったにすぎないのです。

イシドロは、一〇七〇年、スペイン・マドリードに生まれました。家が貧しく、幼時から父の家業たる農業を手伝っていました。救霊については、良心の感化や精霊の導きもあって、人並みすぐれた知識を備え、折あるごとに人の手助けをしていたのです。

イシドロは、ある豪農の農場に雇われました。そこでも彼はまず、夜の明けないうちに起きて、聖堂に行ってては熱心に祈ってから、仕事に取り掛かり、しばしば冬の寒さ、夏の暑さを忍びながら、汗みどろになって働きました。もちろん日曜祝祭日は、いっさい労働を休み、必ずミサ聖祭に与《あずか》り、説教を聞き、熱心に聖体を拝領しました。

ところが、同じ農場の農夫たちは、イシドロの真面目な態度をねたんでか、「イシドロは信心にこって、野良仕事に身を入れない」と主人に告げ口したのです。主人もそれを真に受けて、「そんな長ったらしい信心をしていては定めし、仕事もはかどるだろう」と皮肉っていました。

そこである日、イシドロが主人に「それでは、私の耕した畑と、他の人が耕した畑とどちらが多く作物がとれるか調べてください」と願いました。主人が試しに調べてみると、日曜の務めを果たし、朝晩長い祈りをするイシドロの畑の方が、主日も休まず祈りもせずにあくせくと働いた他の作男の畑よりずっと収穫が多かったのです。

その上に、イシドロが働くとき白衣の天使が手伝っている、教会に行っている間に天使が代わって仕事をしてくれたという、うわさが立つようになりました。

ある日、イシドロ夫妻が夕食をすませたところ、こじきが食物を求めにやってきました。イシドロは「何か食べ物が残っていないか」と妻に尋ねました。すると妻は「何もありません」と答えましたが、「フタを開けてよく探してみなさい」と言うのです。妻は「全部食べてしまったので何がありましょう」と笑いながらフタを取ってみると、不思議にも、その中にパンと野菜が入っていたのです。そして、それらをこじきに与えたそうです。

イシドロの温かい心は鳥や動物までにも及び、大空や山々を眺めては偉大なる神の御業を黙想しました。こうして一一三〇年に眠るようにこの世を去りました。

030

聖ベルナデッタ

フランスのルルドで聖母の御出現を受けた聖ベルナデッタは、誠実で暇さえあれば、いつも祈っていました。病弱なベルナデッタだけに白パンや砂糖入りぶどう酒を与えられたので、弟妹からいじめられましたが、よく耐え自分の食べ物を弟妹にあげることもありました。

一八五八年二月十一日、十四歳の彼女は妹と隣の娘と三人連れで近くの川にたきぎを取りにいきました。他の二人が川を渡って向こう岸へ行った時、サーッと風が吹き顔を上げると、洞窟に不思議な光に包まれた美しい貴婦人がベルナデッタの方を向いて立っていました。

その着物は真っ白に輝き、そら色の帯を締め、頭の白のベールは肩まで垂れ下がり、うやうやしく両手を合わせ、その御腕には金のクサリに白い玉のロザリオ（西洋数珠）を掛けていました。その足の下には二輪の黄金のバラをふまえ、御目は恍惚《こうこつ》として天を仰いでいました。やがて婦人は、おもむろに十字架の印をし、ロザリオを手に取り、ベルナデッタと一緒に十五分ほど祈ってから姿を消したのでした。

出現の回数が増えるにつれ、洞窟の周りは人々でいっぱいになりました。聖母はご出現の間、ベルナデッタに次のように命じました。「かわいそうな罪人のために祈りなさい」「ここに聖堂を建てて皆が行列を作ってくるように神父様に言いなさい」

九回目の出現の時「泉の水を飲み、顔を洗いなさい」と命じます。何もないので掘ってみると清水がコンコンと湧き出ました。こうして、ご出現の場所は聖地となり、今でも奇跡は続いています。

ノーベル医学賞で有名なアレキシス・カレル博士は、一九〇三年、他の医者がさじを投げた重体の少女が泉につかってすぐ治ったのに立ち会い、「奇跡などあるわけない」という先入観が一挙に吹き飛んだと、著書『ルルドへの旅』に書いています。

ご遺体は、ヌベール修道院に綺麗《きれい》なままケースに入れられて置かれています。

私は見ました。

031 ファティマ聖母（ポルトガル）

一九一六年春、三人の子ども（ルシア、フランシスコ、ヤシンタ）の前に「平和の天使」と名のる少年が現れ、祈り方をしました。

五月十三日、子どもたちに聖母が現れ、毎月十三日に同じ場所へ来るように命じました。子どもたちは聖母に会い続け、さまざまなメッセージを託されました。
1．「第一次世界大戦は間もなく終わる。しかし、人々が生活を改めないと、更に大きな戦争が起こる。その前にヨーロッパに不思議な光が起こる」と述べ、そのとおりになりました。
2．死後の地獄が実在すること。多くの人々が罪な生活（十戒破り）傾向によって死後地獄へ導かれる。現世的な罪から改心しないと、永遠の地獄へ行き、入ったら二度と出られない。

3. これは一九六〇年になったら公開するように。それまでは秘密のこと。

「聖母から教皇への要望」

1. ロシアを奉献すること。また、祈り、ロシアの改心と平和のためにロザリオの祈りをすること。

2. 人々の改心、主日の聖体拝領。罪を避け敬虔《けいけん》な生活を送るように。

「大きな奇跡」

1. 一九一七年十月十三日、群衆の前で、太陽が急降下したり回転したりして群衆の雨で濡れた服が乾いた(UFOだと思います)。

2. フランシスコとヤシンタは聖母の預言通りに一年くらいで病死した。ルシアはシスターになり、二〇〇五年二月十三日九十七歳で亡くなった。ファティマはカトリックの一大聖地で、巡礼者が大勢きます。

032 グアダルーペ聖母（メキシコ）

聖ホワン・ディエゴは、一四七四年、メキシコのメキシコシティーに生まれ、五十歳の時、洗礼を受けました。

一五三一年十二月九日、ホワンが朝ミサに行く時、聖母がテベヤクの丘で出現し、聖母の名でそこに聖堂を建てるように求めました。そうすれば、そこで聖母に祈願する人々に恩寵《おんちょう》を与えると約束したのです。しかし、司教は信じてくれず、その聖母出現が真実であるという証拠を出すよう求めたのです。

十二月十二日、ホワンはテベヤク（メキシコシティー郊外）に戻りました。すると、聖母はホワンに「丘に登りそこで見つける花を摘むように」と言いました。そして、冬だというのにバラの花が咲いていたので摘んで聖母のところへ持っていきました。

聖母はそれを外套の上に置き、司教のところに「証拠」として持っていくように言いました。

そして司教のところへ行き、ホワンが外套を開けるとバラの花が落ち、外套に聖母の姿が刻印されていたのです。その目にはホワンが映っていました。司教はひざまずいて信じました。その間、ホワンの叔父が重態だったのですが、聖母の預言通りケロッと治りました。

そこ（グアダルーペ）には聖堂が建てられ、八百万人がカトリックに改宗しました。なお、その聖母が映った外套は、五百年以上たった今でも完全な状態で聖堂に展示してあります。

私の友人は肉眼で見ました。

033

聖イグナチオ・ロヨラ

イグナチオはキリスト教的ルネッサンス、新しい力を社会への奉仕に捧げました。それは憎悪や力の対決ではなく、「より大いなる神の栄光のために」を旗印として、イエズス会を設立し、「天よりの愛の炎」を放つことによって実現されたのです。

イグナチオは一四九一年、スペイン北部バスク地方の貴族、ロヨラ家の十三人兄弟の末っ子として生まれました。奇跡が起こったという祭壇にひざまずいて一晩中祈りあかし、神の霊的騎士となる、請願を立てました。

八月の夕方のこと、近くを流れるカルドネル川のほとりを散歩し、岸辺に腰をおろし、じっと夕日に映える水面を眺めていたその時です。イグナチオは雷電に打たれたかのごとく精神的ショックを感じました。

その時、すべてを神との連関において見るという一種の悟りを開いたのです。

イグナチオも、それまで名誉や権力を求めてきたのは、すべて幸福になりたいからでした。しかし、そんなものに満足を覚えなかったのです。やはり、人間は神に向かうようにつくられ、神に至るまで安心しないからなのです。確かに、人間が心の奥底から求めている清く、美しく、善良で、自分を限りなくいつまでも愛してくださるという条件を備えておられるお方は神だけなのです。

イグナチオは青少年の知育、教育、さらに黙想その他による徳育の向上に奉仕しました。

034 聖ヒルデガルド

十一世紀、ドイツの聖ヒルデガルドは数世紀後のことまで正確に預言しています。

聖ヒルデガルドは、一〇九八年、ドイツ・バーメルハイムの大地主の末娘として生まれました。母の胎内にいる時からの記憶を持ち、五歳で神の姿を見始めたそうです。八歳でベネディクト修道院に入り、十五歳で正式に修道女となりました。八十歳で生涯を閉じるまで啓示を受け続け、多くの著作を残しました。「スキピアス」(主の道を知れ)、「リベル・デイビノルム・オペルム」(神業の書)。

「最後の審判と新しい宇宙」

私は見た。すべての元素と被造物が大変動によって揺れ動き、火と風と水が噴出し、地は動かされ、稲妻と雷が炸裂《さくれつ》し、山々と森林は倒れ、死すべきものはすべてが姿を消した。すべての元素が純化され、中にあった戯れは消えてなくなった。善人は輝かしく、悪人は黒々と現れた。

突然、東から大きな光が輝き出した（UFOと思います）。私はそこに、人の子が世におられた時と同じように、天軍を従い、雲の中で来臨するのを見た。主は世界を清める大嵐の上に漂う、輝いても燃えてはいない炎の座にお座りになった。印を受けている者たちは旋風に乗るかのように中に上げられ主に加わり、いと高き創造主の秘密を示すあの輝きの場所に入った。

こうして善人は悪人から引き離された。主は優しい御声で義人を祝福し、天の王国を彼らに指差した。

また、不正な者たちを恐ろしい御声で地獄責苦に定めた。とはいえ、主は彼らの行為について、尋ねも語りもせず、ただ言葉が宣告を与えたのである。

良かれ悪しかれ、誰の行いも主には明らかである。印を受けていない者たちは、悪魔の軍勢とともに、北の領域に遠く離れて立っていた。彼らはこの審判に来なかったが、つむじ風の中でこれらの出来事をすべて見、激しいうめき声を上げながら審判が終わるのを待っていた。

審判が終了すると、稲妻と風と嵐は止み、漂う諸元素の塵はいっせいに消えて、すべてが大いなる静寂に包まれた。選民は太陽の光よりも輝き大いなる喜びの中で、神の御子と祝福された天使の軍勢と共に天へ旅立った。

邪悪な者たちは、悪魔と悪魔の軍勢と共に、大いなる絶叫と共に火の燃え盛る領域に追われた。

天は選民を迎え入れ、地獄は邪悪な者をのみこんだ。

天では大歓声と賛美の声が沸き起こり、地獄では大いなる悲鳴と絶叫が沸き起こった。とても人間の言葉には言い表せない。

黒い覆いが剥がれたかのように、すべての元素が静かに燦然《さんぜん》と輝き出した。

火はもはや高熱を持たず、大気は重さを除かれ、水は勢いを失い、大地は振動から解かれた。

太陽と月と星は、大いなる装飾のように天できらめき、昼夜を分かたぬよう固定され、もはや軌道を巡らなくなった。こうしてすべてが完了した。

ヒルデガルドの幻はヨハネ黙示録の預言を具体化しています。大彗星《すいせい》の落下による地球の変動、獣と呼ばれる反キリストの世界支配と自滅、平和な千年と最後の審判、その後の美しい宇宙の展開、幻はすべて黙示録の預言の順序に従っているのです。

私たちは物質主義、拝金主義の代償として、人間らしい生き方と霊的なものを失っています。宗教心は損なわれ、創造主なる神を畏敬する気持ちがなくなっています。このような現代世界の霊的危機を聖ヒルデガルドへの啓示は見事に預言しているようです。

聖人は今の文明がいつまで続くと言っているのでしょうか。ヒルデガルドの啓示によれば、世界は七日（七千年）で周期を完了します。キリストは第五日目が終わりに近づく第九時に生まれました。第六日に世界最大の奇跡（主の復活）が与えられました。神は六日で仕事を終え、今や世界は第七の時代にあり、時の終わりに近づいています。第七日の後に起こることについては、人間には知ることができないのです。
キリスト死と復活（西暦三年）を第六日の始まり、神の一日を千年として年表を作りますと、
六日西暦三〇〜一〇三〇年
七日西暦一〇三〇〜二〇三〇年
ヒルデガルドの預言に基づけば、第七日の終わりは二〇三〇年に始まります。私たちは常に主を意識して、充実した有意義な生活を送りたいものです。

035 カッシアヌス（霊的指導者）

カッシアヌス（三六〇年〜四三五年、修道士）は、完成すなわち寛徳を語ろうとし

ました。

「霊的完成」

神への畏れ、痛悔、謙遜、意欲の滅却、悪徳の拒絶と諸徳の成長、心の清らかさ、愛の完成、これこそ寛徳の道であり、また、その行き先に「使徒的寛徳の完成」という「最高度の完成」がある。

カッシアヌスはそれらの徳がなければ「われわれの心は聖書の住まいになり得ない」と付け加えています。したがって、聖霊（神の意識）に満たされること、これが最高度の完成なのです。

「良心の清らかさ」

使徒によると、その到達点は永遠の命である。すなわち「あなた方は、聖性を実りとし、永遠の命を目標とする」われわれの目標は心の清らかさである。そしてこの清らかさがなければ、この目標には到達できないであろう。言い換えるとあなた方の目標は、心の清らかさの内にあり、あなた方の到達点は永遠の命なのである。目標、それは心の清らかさであり、聖性あるいは愛徳に他ならない。それは神の清らかさへの参与であり、したがって恵みである。

それゆえ、この目標が生活のすべてを律しなければならない。なぜなら、聖パウロが言っているように、「私に愛がなければ、いっさい私は無益」だからである。清らかな心は、もはや妬み、傲慢、怒りなどを知らない。良心の清らかさは、いかにも愛であり、「使徒的愛徳の完成」である。

愛よりも貴重なもの、完全なもの、崇高なもの、そして言うなれば永遠なものは、何もありません。ただ「愛だけが決して滅びない」のです。

036

あなたはまもなく銀河人になる

『あなたはまもなく銀河人になる』（ジュード・カリヴァン著）より

この宇宙に存在するすべてが、時間と空間の制限を超えて、互いにつながり合っています。つまり、私たちが頭で考えること、心の中に湧き出した感情、発する言葉、振る舞いや行動、それらはすべて私たちを取り巻く存在に大きな影響を及ぼしているのです。「今だけ、自分たちだけ、お金だけ」という時代は終わりました。私のガイドスピリットからも、ここは非常に重要な変化の年になるだろうと聞かされています。混乱状態が、あたかも大海の表面に立つさざ波のごとく見られます。しかし、大事なのは、表面に見られる混乱のさざ波ではなく、大海そのものであり、注目すべきは海の奥深く流れる潮流の方です。表面の混乱に目を奪われずに、本質で何が起きているのか、従来の在り方や、考え方は脇に置いて、新しいビジョンの方へ向かっていきましょう。

私が四歳のとき、光の存在が現れて、私にいろいろ教えてくれるようになりました。そのガイドの指導を受けて、動物や植物と話をし、銀河系の生命体と長い年月、コミュニケーションをとってきました。

私が動植物とコミュニケーションする時には、言葉は使いません。心を使って「愛」という言語で話をします。love愛という言語は、live生きると、つづりが一文字しか違いません。また、liveを反対からつづると、evil邪悪という単語になります。愛はスピリチュアルな「命と人生」であり、邪悪はスピリチュアルの死を意味します。

このように真理はシンプルなのです。ところでTさん、あなたは会った人たちの霊格が分かるそうですが、どのように霊格を見分けるのですか？

T少年：胸と喉の間の位置から光が広がっているのが見えるのです。人によって、その光の色が異なります。色だけでなく、光の大きさや、色の透明度、澄み切った明るい色合いとか、濁ったり曇ったりした色合いというふうに違いがあります。

カリヴァン：そうそう、まさにそのとおりです。胸と喉の間のその位置を私は、「ユニバーサルハート」（すべてを含む宇宙的な心）と呼んでいます。青と緑の中間のような色、ターコイズ（トルコ石）色からは確かに光が出ていますね。個の意識が全体とつながっているところ、それがユニバーサルハートです。愛を持っているときは、そこから発せられる光はとても大きくなり、恐怖を持っていると小さくなってしまいます。

私たちは宇宙において、単に「創造されたもの」であることにとどまりません。この現実というものを、共に創造している存在だということを思い出してください。このことを思い出すことによって、ユニバーサルハートが開かれていきます。私たちは一つになることができるのです。恐怖に閉じこもることなく、愛の次元に自分を飛躍させてください。混乱や滅亡といったことに意識を合わせるのではなく、協働して創造するものとして生き抜く道を選んでください。日々どのように生きていくか？　これまでに現れた古今東西のスピリチュアルは師（イエス、ブッダなど）が言ってきたことですが、最もシンプルな言葉です。

「あなたが抱くすべての感情、すべての考え、すべての言葉、すべての行動においてあなたがしてもらいたいように人にしてあげてください。自分が扱ってほしいように、他のあらゆる存在を扱ってあげてください」

037
人間と音楽

人間は星から生まれ、星で出来ています。物質的な肉体だけではなく意識もそうです。意識自身は星の意識にアクセスできるし、私たちは星の意識が体言化したものです。音は本当に重要です。音そのものも宇宙全体の中の一つの要素です。光と音はお互い変換し合えるのです。

意識は自分自身をエネルギーという形で表現しています。その最も基本的な形は光です。すべてのエネルギーそのものは波動です。

アチューンメント（同調）は私たちの意識の波長を一貫性の状態にし、共鳴させます。ハーモニー、共鳴、一貫性は、すべてエネルギーと意識に応用できます。光と同じ言語を使えるのです。音にも同じ言語が使えます。

音楽は宇宙の言葉です。音の調和、すなわちハーモニーが、私たちの精神や、肉体の幸福に極めて重要な働きをしています。

胎児の耳は、第二十四週目には、音に反応することが今までの研究で分かっています。妊婦に音楽を聴かせるのが、ごく当たり前のことになりました。安静時の心臓の鼓動は、生まれたばかりの赤ちゃんを落ち着かせ安らかな眠りへと誘いますが、逆に心拍数が早い場合や耳障りな音を聞かせると、驚いてしまうことが分かっています。

植物に音楽を聴かせる実験では、音楽の種類によっては生育を促進したり、あるいは逆に生育を阻害したりすることが明らかにされています。それによれば、クラシック音楽や宗教音楽が成長を促し、一方、ヘビメタやロック音楽では枯れたそうです。

つまり、「音楽の調子の違いで植物の健康状態にも異なった効果が現れる」というのです。また、植物学者T・C・シン博士の研究によって、成長を促す音楽の刺激を受けた植物の種から芽生えた次世代の植物は、そうでない植物に比較して、発育が良好であることが分かりました。破壊的音楽を聴かせた場合は、逆の結果になるだろうと推測できます。

038

悟り（覚醒）に至る道

1. 自分の選択とそれによってもたらされたことには責任を持つ。選択の基本は地球に誕生したこと。
2. 自分が考え、話し、行動する時、恐れることではなく愛することを選ぶ。個人レベルの愛から宇宙的な愛へ変える。

3. 全なるもの（創造主）に一体化させる。
4. 意識して自分自身を宇宙の流れと同調させる。どんな状況におかれようと何事にもこだわらない。
5. 過去に執着せずに、今という瞬間の中に生きる。
6. 意識ある宇宙と、そのあらゆる領域を尊ぶ。
7. 自分が必要なことと、他人への奉仕のバランスをとる。
8. 相互に尊重し合うこと。
9. 自分が関わる相手に対して、真正にして誠実であること。真実、透明性、そして正義を心掛けること。
10. 自分が望むように他者に対してなすこと。
11. 地球とそのすべての子どもたちを尊重すること。

急激な大変動という事態が迫りつつある今ほど、私たちの生き残りをかけて、個人と集団の生き方を変えるべきなのです。

039 ガラバンダルの聖母（スペイン）

一九六一年、スペインの寒村ガラバンダルで十二歳くらいの四人の少女（マリ・クルス、マリ・ローリー、ヤシンタ、コンチータ）の前に聖母が出現しました。そして、聖母は次のような主旨を述べました。

「人々が改心して善人にならなかったら、大きな天罰が下るでしょう。警告は人々の罪があばかれるようなもので、奇跡に備える清めのようなもの……火のような自然現象です。奇跡は、『若い聖体の殉教者の祝日』で木曜日の午後八時半、三、四、五のいずれかの月の八日～十六日の間、ガラバンダルの松の木で起き、そこにいるすべての人が癒やされます。

しかし、その後天罰が……」

少女の一人コンチータ（アメリカ在住）が、最近次のように述べています。

「私たちは、この世の雑事に振り回されることなく、霊的に平安の内に心構えを固めておく必要があります。恐れるかわりに、私たちは自分が天国へ入り聖人となるように、この世に生を受けたことに、いつも思いを巡らせる必要があります」

聖母とは優良宇宙人の３Ｄ映像なのかもしれません。

040

聖マラキ

聖マラキは一〇九四年、アイルランドで生まれました。幼いころから聡明で、神秘的素養が豊かでありました。その素質を見込まれ、当時三十歳以上でないとなれなかった司祭（神父）に二十五歳の時、任命されました。既にそのころ、マラキは人と話している際に、しばしば相手に関する預言を言っていました。彼の脳裏には、相手の未来がまるで映画のフィルムのように見えたそうです。

人々が「マラキの預言」を知ったのは、彼の死後四百五十年たった一五九五年のことでしたが、そこに記されているローマ法王に関する預言が人々に驚きを与えたのです。百六十六代法王から始まる預言は全部で百十二、そのうちの最後の預言を除く百十一は、簡潔な二、三の単語で構成されており、そのすべてが的中しているのです。前法王ベネディクト十六世は「オリーブの栄光」となっています。聖ベネディクトはオリーブの枝をシンボルとするベネディクト会の創立者です。預言は次の百十二で終わっています。

「法王庁が最後の迫害を受ける間、ローマ人ペテロが法王の座に着く。（初代法王もペテロ）そして苦難が去ると七つの丘（ローマか?）が崩壊し、恐るべき最後の審判がくだされる――終わり」となっています。

なお、新法王はフランチェスコを名乗り、これはアシジの聖フランチェスコに由来します。聖人のフランチェスコの洗礼名はフランチェスコ・ディ・ピエトロ・ディ・

ベルナルドーレで、ピエトロとはペトロのことです。
新法王家系はイタリア・ローマ出身で、アルゼンチンに移住したのです。解釈によっては的中といえるでしょう。

041 聖フランチェスコ

フランチェスコは一一八二年、イタリアのアシジに富裕な織物商の息子として生まれました。身分相応の高い教育を受け、ラテン語、フランス語を学んでいましたが、生まれつき陽気な性質で、盛り場で歌をうたったり、教会や音楽会で浮かれまくったり、お金を湯水のように使いました。

一二〇二年、ペルシア戦争に行き、重病で死にそうになったことで神に心を集中し、人生の問題や死後のことについて考えましたが、病気が治ると世俗的生活に戻ってしまいました。その後、南イタリアでの戦争に参加しましたが、病気になり、病床で「フランチェスコよ、どこへ行こうとしているのか」「家に帰りなさい。そこであなたの成すことは知らされます」との主の御声を聞きました。また、フランチェスコは、聖ダミアノ聖堂でも主の御声を聞いたのでした。

「早く行って、私の家を修繕しなさい」

早速、聖ダミアノ聖堂を修理し、それから修道生活を営むかたわら、看護やアシジ内外の諸聖堂の修理に当たりました。そして、フランチェスコ修道会を創立しました。

フランチェスコは、宇宙万物に神の全能、全知全能を読み、月、星、海、鳥獣から人間に至るまで「兄弟姉妹よ、主を賛美しこれに感謝し、奉仕せよ」と親しく呼びかけ、燃えるような兄弟愛で、すべてを温かく包容しました。

フランチェスコの深い説教は、強く人々の心をとらえ、多くの改心と改善を呼び起こしました。その慈悲深い説教には、小鳥、魚、羊、オオカミさえもおとなしく聞き入ったといいます。

一二一二年から、アシジの貴族の令嬢クララを指導し、間もなく他の婦人たちも加えてクララ会を創立させました。一二二四年以来、フランチェスコは目と胃を患い、その激しい苦しみのさなかにも、キリストとの親密な一致によって魂の平和と歓《よろこ》びを体験し、その印として聖痕《せいこん》（キリストと同じ傷が出ること）を受けました。

一二二六年、清貧の中に感謝の心で帰天しました。

042

聖ノルベルト

聖ノルベルトは、一〇八〇年、ドイツのゲンネブの貴族の家に生まれました。幼いころ、司祭を志しましたが、放蕩《ほうとう》の青年たちと付き合い始めてから次第に脇道にそれ出しました。

一一一五年のある日、馬にまたがって遊んでいると、聖パウロの改心のときと同じく、稲妻に包まれ「ノルベルトよ、何のためにわれを害しようとするのか。悪を捨てて善に従え」という不思議な声が聞こえたのでした。

彼は宮廷を去り、苦行や信心業に励むなど償いに努め、翌年、司祭に叙階されると布教活動に従事しました。しかし、ノルベルトの過去を知る人は彼をあしざまに言い、顔につばきをするなどされました。彼は、これは償いと、ぐっと耐え忍び善徳の模範をもって彼らに接するうちに、いつしか疑っていた人々も彼の説教に耳を傾け、悪を捨てて善に戻るようになったのです。

ノルベルトは新しい修道会の設立を教皇から勧められましたが、ある夜、白衣の修道士が手にろうそくを携えていく幻影を見て、その白衣を着るプレモントレ修道会を創りました。

当時、この教区の風紀は地に落ちましたが、ノルベルトは善徳の模範をたれて、掟を犯す者を戒め、邪説を排除しました。また、ノルベルトはドイツ国王ロータル二世の信任も厚く、国政にも意見を述べ、国家の繁栄につくしました。

こうして不意の出来事（いなずま）のうちに神の戒めを見たノルベルトは、残る生涯を節理の良き働き手として寛大に捧げ、一一三四年、安らかに永眠しました。

043 創造神

『生命と宇宙』（関英男著）に素晴らしい話が載っていました。宇宙センターの真相は次の三つに関連しています。

・宇宙創造神の大神様がマゴッチさんにおっしゃったこと。
・クエンティンさん（三万五千歳）が案内した様子。
・「古事記」、「日本書紀」などに書かれた創造神創造神の話。

最初に、大宇宙の根元とは時間空間的相対を超越した絶対界、無限波動を八方に発する無限次元の世界です。そして、宇宙センターは、天波あるいは念波を四方八方に放射しています。宇宙は中心に向かうに従って明るさを増し、豊かな色彩で覆われ、その大中心は一大金色光明の世界になっています。この一大金色光明の中心にいらっしゃるのが、万神も仰ぐ宇宙創造の大神様です。大神様はこの一大金色光明こそが宇宙の根元であって、あらゆるものの生まれる一大源泉、力の根元あることを教えてくださいました。

マゴッチさんらが述べました。

「宇宙センターの全体の形は球体、つまり玉です。この大きな玉には、その中にたくさんの玉が密集していて、さらにそのセンターが宇宙創造神のいらっしゃる場所なのです」

玉の集合体は全体が金色・金白色の光のようになっています。

「私の心が、私の全存在が、耐えられないほどの歓びで満ちあふれる。自分が、またそこにいるすべての人も、大いなる愛に触れられて包まれているのだ。『あのお方だ！あのお方が来られる！』群衆が歓喜するのがテレパシーで聞こえてくる。たくさんの球体で構成される膨大な集合体の中に、驚くほどたくさんの種類の純粋なエネルギーからなる巨大な存在が詰まっている。そして、それらの総体の内部に収められ、同時にまとまって唯一の、すべてを包含した存在、つまり『あの方』になっているのだ！」

044

創造主の側面

『シルバーバーチ最後の啓示』（トニー・オーツセン編）より

一九二〇年から六十年にわたり、英国人モーリス・バーバネルの肉体を借りて人生の奥義を語ったスピリットです。オーセンは、そのバーバネルの弟子にあたります。江原啓之氏もこの本を読んで学んだそうです。

「私たちの仕事は、地上の人間に『正しい生き方』というものがあることを教えることです。人間は責任ある存在です。正しい生き方を知らなければいけません。摂理に反したら、その責任として代償を払わないといけません」

「すべての基礎は愛です。そして、愛は大霊（創造主）の一側面です。大霊は無限なる愛です。その愛の印は、全宇宙を支配している自然法則の完璧さに表れております。完璧だからこそ宇宙全体が平衡状態を保っているのです。原因と結果の法則が、数学的正確さをもって働いており、一人一人のいかなる行為にも公正無比の判断が下されるようになっております。他人に近づくための行為、絆の強化、霊力の流入の実感、その結果として生まれる調和、内的輝き、静寂、平穏、泰然自若……大霊とのつながりの自覚です」

「霊的法則の中でも一番大切なものと言えば『互いに愛し合うこと』、これが最大の法則です。各人の個性にとって、ただ一つの欠くことのできないものは、信頼できる関係において、真の愛を経験することです。それは第一に『神を愛すること』、第二に『隣人を愛すること』です。しかも、それを行う時に永遠の生命が与えられます。この永遠の生命を得ることが人生の目的です。なぜならば、人はすべて、最後には（肉体は）死ななければならないものであるからです」

　そういえば、クラリオン星人とコンタクトしているマオリッツオ・カヴァーロ氏は、

「神の十戒を守らないどうしようもない魂は消し去る運命である」と述べています。

045 ティアウーバ星人

　ティアウーバ星人のタオさんは次のように述べました。

「宇宙の法則では、その人がどの惑星に住もうとも、人間の基本的義務は『精神性を発展させること』にあると決定されています」

　マゴッチさんとワイリーさんの話が始まりました。

　宇宙の生活はどんなものだろうと期待していた生徒さんたちの耳に入った話は、な

んと精神性の話でした。宇宙の多くの存在たちと親しく接するためには、精神性の向上が重要だというのです。その内容は、まさしく「洗心」の話そのものでした。

046 悪魔について

悪魔はサタンとも呼ばれる悪の根源者です。離間者ともいわれます。関係を狂わし、二つの間を離し、人と人との間を裂こうとします。悪魔は人格的存在であり、神と人との間、人と人の間を裂こうとするのです。その存在は目に見えません。

しかし、イエスは神の世界、霊の世界を見抜く力がありました。裏切りのユダに働く悪魔の働きを見抜いて知っていました。最後の晩餐《ばんさん》の時、イエスはユダに「あなたの思っていることをしなさい」とおっしゃいました。

悪魔の起源は天使の転落したものと言われています。悪魔と悪霊の目標は、偽りを広めることにあります。しかし、悪魔は常に嘘を言うわけではありません。常に嘘ばかりついていたら、誰も悪魔を信用しませんし、悪魔にだまされたりはしません。悪魔はしばしば真実を用いながら、そこに時々巧みに嘘をまぜるのです。

悪魔（サタン）崇拝にはまり、おかしな精神状態になったある人は、悪魔崇拝の言葉の入ったオカルト的な音楽であるヘビメタに心酔したことがきっかけでした。悪魔は常に、私たちの心に悪い思いを起こさせようと、誘惑してきています。聖書に「人はそれぞれ、自分自身の欲望にひかれ、そそのかされて、誘惑に陥るのです。人間の心が悪魔の波長に同調してしまうと、あとは悪魔の思い通りになる。この死とは魂の滅びです」

悪魔は自分の滅びが近いことを知っているので、道連れを探しているのです。私たちは悪魔の波長に心を合わせないことが大切です。あなたが関係しているグループなどの考え、言葉、行動が、もし神の十戒に反することであるなら、たとえどのようなきれい事を並べようが、その源は悪魔であると分かります。

047

愛について

『時間のない領域へ』マイケル・J・ローズ著より

「愛だ、○○すべて愛に関わる。人類も惑星である。地球も大いなる愛の変動に共鳴している。愛が創造的な力であり、変化と成長のパワーである。愛はあなたたちの本来の創造的な環境であり、神性への道だ。しかし、それには愛を選択しなければならない。それが、あなたたち人間の通る道だ。大いなる愛が他のどんなことより大切なのだ」

048

神の存在の証明

「設計」という点から論じられています。つまり、私たちの周りに、よく調和のとれたものが多いのです。人間の身体すらそうです。人間の目は小さいですが、近くや遠くを見るのに、よく設計がなされています。不思議な仕組みです。ある医師が死体を解剖した後で述べました。

「人間の体はあまりにもよく出来ているので、誰かが創ったと思わざるを得ませんね」

この偉大なる設計者こそ神なのです。

次に「原因」から論証しようとされてきました。あらゆるものには原因があります。時計が動いているのは、時計を製作した人がいるからです。宇宙が動いているのは、最初に動かした者がいなければならないのです。

その宇宙に運動を与えた者こそ神です。

049 啓示による神

人格的なものを知るためには、言葉を通した語り掛けによる以外に道はないのです。その言葉による語り掛けの行為が啓示と呼ばれています。言葉によって、自己を他者に啓《ひら》き示すことが啓示です。

神はどのようにして、人間に自己を啓示されたのでしょうか。人間の心に、あるいは頭に、神ご自身について語り掛けられたのですが、このことが聖書には次のように記されています。

「神は、昔は預言者たちにより、いろいろな時にいろいろな方法で、先祖たちに語られたが、この終わりの時には、御子によって私たちに語られたのである」

その預言者とは、イザヤ、エレミヤといった、いわゆる預言者だけではなく、アブラハム、モーゼ、ダビデなどを含む広義の預言者を意味しています。「いろいろな方法」とは、預言、教訓、歴史的事実などです。「終わりの時」とは、キリストの誕生から世の終末までをいいます。「御子」とはイエス・キリストのことです。以上のようにして、神は人間に対して、どのような方であるかを預言者たちとイエス・キリストを通して啓示されたのです。

預言者は、言葉によって神を示しましたが、キリストはその言葉と行為との全存在をもって神を示しました。そして、「私を見た者は（父）神を見たのである」（「ヨハネ」14・9）と語りました。これで分かったことは、次のようなことです。

第一：神は実在者である。

第二：神は創造者である。

第三：神は霊である。

第四：神は人格である。

第五：神は義である。
第六：神は愛である。

050 人間観

聖書の人間観によれば、人間は神によって創造され、また、神に似せて創造されたものです。この似せてということは、神が意思と計画を持つ人格であると同様に、人間も意思と計画とを持つ人格として創られたということを意味します。そして、その人格は愛を本質とし、責任を問い、問われる存在です。エデンの園の物語（「創世記」2・8〜9）に示されているように、人間は、自分の自由意思で、また、自分の責任において神に従うように創造されました。神の愛に応答するような存在として創られたのでした。ところが、人間はその自由意思で、神を否定し、神に逆らって生きるようになりました。アダムとエバの物語（「創世記」３）とイエスの放蕩息子の例え話（「ルカ」15・11〜32）とは、この事実をわれわれに教えています。これが人間の現実の姿です。

このアダムの神に対する反逆が原罪と呼ばれています。そして、私たちもまた、アダムと同様に自分の自由意思で、神を無視し、神に逆らい、神を思わないのです。人間の自由意思による神への反逆を罪というのです。この原罪が人間のさまざまな悪と罪とを生み出し、自然界の混乱と人間の死の原因になっています。

人間が神に反逆した結果、「不品行、盗み、殺人、姦淫《かんいん》、貪欲、邪悪、欺き、好色、ねたみ、そしり、高慢、グチ」というような罪のカタログが生じました。モーゼの十戒（「出エジプト紀」20）やイエスの山上の垂訓（「マタイ」５・６・７）に反する行為は、すべて罪なのです。人間が神に反逆した結果、もう一つのことが起こりました。人類に死が入り込んだのです。肉体が死滅するだけでなく、人間の霊魂も、その刑罰として、滅びるように定められたのです。「罪を犯した魂は必ず死ぬ」（「エゼキエル書」

18・4）「罪の支払う報酬は死である」（「ローマ」6・23）と聖書に記されています。

051 イエス・キリスト

イエスが誕生した年は紀元元年といわれています。紀元前を表す記号B.C.（ビフォア・クライスト）はキリスト以前という意味で、また、紀元後をA.D.（アノ・ドミニ）は、われらの主の年を意味します。

ただし、イエスが実際に誕生したのは紀元元年と定められている数年前といわれています。誕生地は現在のイスラエルのベツレヘムでした。やがて、ナザレ村で育ち、ガリラヤ、エルサレムで活動し、イエスはいろいろな人々と交わり、語り、病を癒やし慰め、教え、その後ユダに裏切られ十字架に掛けられ、亡くなりました。

しかし、その死後三日目によみがえり、墓から復活しました。紀元三〇年初めのことで、当時、パレスチナ地方はローマ帝国によって支配されていました。イエスの教えは、神観、神の国、永遠の生命の三つに要約できます。しかも、イエスの教えとイエスの人格とは分け離すことはできません。

イエスは、神を「天の父」と呼び、イエス・キリストによって、神は天の父であることが明示されました。そして、この神が人間の救いのために（正しい生き方を示すため）神の子であるイエスを誕生させられたのです。これが神の愛です。そのために、人間は神を天の父と呼ぶことができるようになりました。したがって、人間は神を愛し、隣人を愛さなければならないのです。これが、イエスが説いた神観であり、教えです。

次に、神の国というのは神の支配のことで、今は神の支配は目に見えません。しかも、個人的です。しかし、やがて神の支配は誰の目にも明らかに見えるようになります。

世の終わりにおいて、キリストが再臨し、最後の審判を行い、神の支配があまねく行き渡り、神の国が実現されます。この神の国に属する生命が永遠の生命です。これは、イエスをキリストすなわち救世主と信じ、原罪と罪とが取り除かれ、神とその人との関係が正しくなったときに与えられる生命です。その永遠の生命（魂）は現世から来世を貫き復活へと至ります。そして救いとは、神との関係が正しくされ、永遠の生命が与えられることです。

それでは、どのようにすればよいのでしょうか？　イエスが人間のために（正しい生き方を示すため）この十字架の死を一身に引き受けたことを信じ、神の十戒を守ることなのです。

052

キリストの復活

日本では一般的に、イエスは十字架に掛けられなくなった、で済まされていますが、本当は十字架に掛けられ墓に葬られたイエスは三日目によみがえりました。そして、弟子の前に現れ、みんなの前で天に上がり、今は父なる神と共にあり、地上に聖霊を送っています。私たちが神に心を向けたとき、この聖霊が働き、その人の心が豊かになり、永遠の生命が与えられるのです。

イエスは、当時の宗教家と指導者たちのねたみによって捕えられ、罪がないのに十字架に掛けられました。その時、イエスの弟子ペテロは自分がその弟子であることを否定しました。しかし、復活したイエスに出会った時、ペテロは復活が真実であることの証人として活動を開始しました。

キリストの復活は、私たちの肉体の死が終わりでないことを示しています。そして、世の終わりの時よみがえり、永遠の生命を与えられたものにふさわしい霊の身体を得られたことで、神の国に住む保証となりました。この復活の信仰は、愛する者との死別に対し、あきらめや追憶でなく、神の国における再会の希望、再び会うことの喜びを与えてくれます。

十字架に掛かる前、イエスは「私はよみがえりであり、命である。私を信じる者はたとえ死んでも（魂は）生きる」（「ヨハネ」11・25）と教えました。また、人間の死に対し「（神の国に）場所が出来たなら、また、来てあなた方を私のところに迎えよう」（「ヨハネ」14・3）と約束しました。

イエスには地上における使命が二つありました。一つは神がどのような方であるかを示すことで、もう一つは人間がどのように生きたら良いかを示すことです。イエスは神と人間との仲介者であり、神の啓示者であり、人間のための救世主であったのです。

053

黄金律（ゴールデンルール）

イエスの山上の垂訓の中にある「何事でも、人々からしてほしいと望むことは人々にもそのとおりにせよ」（「マタイ」7・12、「ルカ」6・31）のことです。この名称は十八世紀ごろになって与えられました。キリスト教倫理の根本を表しており、黄金律と訳されました。

054

幸福

すべての人間は幸福を求めて生活しています。しかし、多くの人々が本当の幸福を得ることができずに、その人生を送ります。それは幸福の求め方が間違っているからです（例えばお金を増やすこと）。

真の幸福は、神に出会う時に得られます。なぜなら幸福とは愛だからです。その証拠に、人は愛の中にあるときには「幸福とは何か」とは問いませんが、人間の愛は条件と共に変わってしまいます。神の愛は無条件の愛です。したがって、神の愛に触れたとき、人間は真の幸福になるのです。本来人間は、神との正しい関係にあるときに、初めて完全な人間になります。しかし、現実の人間は、神を離れてしまっています。このような状態を抜け出して、創り主である神に出会ったとき、人間は本当の意味で人間になり、真の幸福を得るのです。このようにして神に出会ったときに、人間は生活の必要が満たされ、不安も克服されるのです。

055 インマヌエル

「神がわれらと共にいます」という意味です。預言はイエスの誕生によって成就しました（「マタイ」1・23）。確かに、イエス・キリストによって神が人間と共にいてくださることが事実となりました。

056

最後の審判

歴史の終わりに、キリストは再び地上に来て救いを完成されます。その完成の前に、神はイエス・キリストと共に最後の審判を行います。このキリストの再臨の時に、最後まで心をかたくなにして神に反逆する者は裁かれます。これが魂の死、すなわち第二の死です（「黙示録」2・11）。そしてその時に、全世界、全宇宙から罪が取り除かれるのです。

057 試練

一般的に言って、地上の人生はやがて来るべく来世への試験の期間である、という思想が背景になっています。しかし、神が与えられる試練について聖者が語るときは、神が特に選び愛する者を、その信仰を確立するための試練に合わせられるのです。イエスご自身も、公生涯の最初に、荒野においてサタンの試みに合われ、父なる神への確個たる信仰を示されました。

このように、試練は神が信じる者の信仰を強めるために与えられるものです。そして、信じる者には必ず逃れる道も備えてくださいます。誘惑と試練とは、全くその目的を異にしているのです。誘惑は悪魔から出てくるものですが、試練は神から出てくるものだからです。

悪魔は、人間が神から試練を与えられるときに乗じて人を誘惑しようとします。神は、人間が悪魔から誘惑を受けるときに乗じて人を訓練しようとされます。それは、神に対する信頼を強めるためなのです。

058 天使

ヘブライ語ではマルアーク、そしてギリシャ語ではアンゲロスであり、これは共に使者の意味です。すなわち、神の意思を伝える神の使者を天使と示します。

聖書は天使を「御使《みつかい》たちはすべて仕える霊であって、救いを受け継ぐべき人々に奉仕するため、遣わされたもの」（「ヘブル」1・14）と述べています。

十三世紀、聖フランチェスコの前にまばゆい光の六枚の翼の天使が現れました。そして、一四二九年、ジャンヌ・ダルクの前に天使が現れ、フランス救国の啓示をし、彼女はフランスを救いました。近年、アメリカ初代大統領ジョージ・ワシントンの前に天使が現れましたし、心理学者ユングの前にも現れました。

現在、(天使は)世界中に現れていますが、注意しなければならないのは、天使と名乗っても創造主の天使とは限らないということです。「闇の天使」ということもありますし、神学では地に落ちた「堕天使」といいます。しかし、あなたの想念が創造主と波長が合っていれば大丈夫です。

059 大天使ミカエル

神の前に立つ三大天使の一人である聖ミカエルは、サタンの軍隊と戦った天使の軍団の指揮官として、「ヨハネの黙示録」に描かれています。天使の間で謀反を企てたルシフェルを追放するため、神が聖ミカエルを遣わされたとされ、一方、旧約聖書ではイスラエルの守護神「神の天使」とされています。

　聖ミカエルは昇天した死者の魂を待ち受け、天秤《てんびん》でこれらの魂を測ったといわれています。このため食料品関係者を守護する聖者となったのです。また、この聖ミカエルは日本の守護者でもあります。

　一五四九年八月十五日（聖母被昇天祝日）、フランシスコ・ザビエルは鹿児島に上陸し、いろいろな準備を整えて、薩摩藩主島津公に布教の許可を得ました。その日がちょうど九月二十九日、大天使聖ミカエルの祝日にあたっていましたので、聖フランシスコ・ザビエルは大天使聖ミカエルを日本の守護者と定めて、その御助けを求めつつ布教を始めました。だからわれわれも、誘惑に遭うときは聖ミカエルの御名を呼んで、その助けを願うと同時に、この日本に神の国が広がるよう聖ミカエルの取次を求めつつ、自らも頑張りたいと思います。

　なお、フランス・ノルマンディーのモン・サン・ミッシェル大修道院は、八世紀に聖ミカエルが現れて、その指示のもとに建設されたものです。

また、「ユダヤ・日本同祖論」で、日本語とヘブライ語の三千語以上が同じか似ているとされるのも、偶然ではないと思います。イスラエルと守護天使が同じですし……。

なお、聖母披昇天祝日（八月十五日）に終戦となったのも、偶然ではなく天のみわざだと思います。

060 大天使聖ガブリエル

神の御前に立つ三大天使の一人で、聖ガブリエルは新約聖書の中に四回登場します。必ず神のメッセンジャーとして描かれ、自ら外交官を守護する聖者です。

旧約聖書では、ダニエルの見た幻を読み解き、救世主が彼のもとを訪れる時期を知らせています。新約聖書では、ザカリアに息子の洗礼者ヨハネの誕生を預言します。しかし、聖ガブリエルの最も重要な役目は、神によって聖母マリアに遣わされたことです。

「あなたは、身ごもって男の子を産むが、其の子をインマヌエルと名付けなさい」というのが聖ガブリエルの言葉でした。その後も御降誕を知らせたり、ヘロデの迫害を避けるためヨゼフに「聖家族を連れてエジプトに逃げよ」と告げたりしました。

061 大天使聖ラファエル

神の御前に立つ三大天使の一人で、ヘブライ語で「神は癒やされる」という意味です。ユダヤ教の伝説では、癒やしを司《つかさど》る天使です。

旧約聖書の「トビト記」では、旅人の象徴で、杖や水筒を持って、ある人間の姿で現れ、正直者トビトの息子トビアの旅に同伴します。聖ラファエルは道中トビアを守り、目が見えなくなったのを、心臓、肝臓、胆汁から処方した薬で癒やしました。「トビト記」12章で、聖ラファエルは自分がトビアの目を癒やし、義理の妹サラを悪魔アモスダイから救うために遣わされたと語っています。

カトリック教会の祝日は、三大天使共に九月二十九日である「カトリック」とは、「普遍的」という意味です。

062 シャローム

ユダヤ人が挨拶《あいさつ》するときに用いる言葉で、平安があるようにとの意味です。ここから、今日の教会でお互いの平安を祈るために用いることもあります。もともとの意味は心に恐れと動揺がないことです。この平安があって初めて平和は実現します。

063 シスター鈴木と神の臨在

私（シスター鈴木）は、他のシスターに迷惑をかけないように電気をつけないで、暗がりの廊下を手探りで壁伝いに歩きました。曲がり角で一歩足を踏み出すと、そこに廊下はなく、空を踏んで階段をもんどり落ちたのでした。

恐怖を感じる間もなく、一気に下まで落ちてたたきつけられ、ふと気づくと、私の身体は宙に浮いています。そして、空中にまっすぐ浮いている私を、高い所から、もう一人の私が見つめているのです。空中に浮かんだ私の足の周りを、なぜかタケノコの皮のようなものが覆っていました。そのタケノコの皮のような花弁が、足元から一枚一枚散っていくのです。高い所から見ているもう一人の私は、花弁が散るごとに自分が一つ一つの苦しみから解放され自由になっていくのが分かりました。

その時、見ている自分と見られている自分が一つになりました。一瞬のうちに高さの極みに飛翔し、私は今まで見たこともない美しい光に包まれました。白っぽい金色に満ちた、一面光の世界にいたのです。まばゆい光でしたが、まぶし過ぎるとは感じませんでした。

それは人格を持つ、命そのものの光であり、深い部分で自分とつながり交流している生きた光なのでした。「これが至福なのだ、完全に自由なのだ」と私は感じていました。

不思議なくらい、五感も思考もすべてがさえわたっています。そのさえわたった意識の中で、私ははっきり理解したのでした。

「この命そのものの光の中に、私のすべてを知り尽くされ、理解され、受け入れられ、許され、完全に愛しぬかれている」

これが愛の極至なのだ…(神との臨在)心は愛に満たされ知性はさえ、能力のすべてが最高の状態で調和しています。

そんな至福感に包まれた時、どこからか声が聞こえました。「癒やしてください、癒やしてください」その声は少しったない独特のアクセントがありました。その声が聞こえた時、光である命そのものの主が「現世に帰りなさい」と言いました。そして、現世に戻った時「一番大切なのは、知ることと、愛すること、その二つが大切なのです」

この体験が起きたのは救急車が来るまで修道院のベッドの上で意識を失っている時でした。至福の中で聞こえてきた「癒やしてください」というのが、外国人のシスターの祈りの声でした。

シスター鈴木はろっ骨に軽いヒビが入った程度で、奇跡的に大けがはありませんでした。そして不思議なことに、長年患っていた原因不明の膠原病は治っていました。また、病気を癒やす力を授かったのです。

064 宇宙人の食生活

彼らの回答は単純明快でした。彼らの惑星では、食用の家畜は飼わないのです。彼らは私たち地球人の食事を慎重に研究して、地球の現状からみて、彼らが地球に滞在中は大体週に一、二度肉を食べるなら、健康になると語っています。地球では、彼らは通常安い肉の切り身を買ってきて、それを野菜と一緒に煮込みます。

彼らはあらゆる野菜を大変好み、豆、ジャガイモなどから、おいしいスープを作ります。サラダとして準備される生の果物や野菜は、彼らが特に好むものです。もちろん、手に入る時はいつも新鮮な魚を食べ続けます。言い換えれば、彼らは食べ物の狂信者ではないと言っています（野菜なら野菜だけしか食べないような人ではないの意）。何かの特殊な食べ物だけを食べなければいけないと思い悩む人は次の言葉に注意するとよいでしょう。
「口に入るものは人を汚さない。口から出るもの（言葉）こそ人を汚すのである」

065 ゴルゴダの丘&アーメン

ゴルゴダとは頭蓋骨を意味するギリシャ語です。おそらく地形が似ていたため、そのように呼ばれるようになった丘です。地理的にエルサレムの郊外としか分かりません。しかし、キリストが十字架につけられたことの故に今日までその名が残っています。ラテン語の名をとって、カルバリオの丘と呼ばれることもあります。

アーメンは旧約聖書の原語であるヘブライ語から来た言葉であり、「真に」あるいは「そうでありますように」という意味です。ユダヤ教の会堂で用いられましたが、キリスト教会でもこれを受け継いで、祈祷《きとう》や賛美歌の終わりに使用されています。聖書においては、文頭、文中、文末に用いる。なお、キリストを指して、「神のアーメン」（「コリント」第二1・20）と言われています。これは神の約束を真実に実現したもの、という意味です。

066

ピオ神父

一八八七年五月二十五日～一九六八年九月二十三日、イタリア生まれ。カプチン会のカトリック司祭で、聖痕や病者の治癒、預言など行いました。ヨハネ・パウロ二世によって一九九九年、列福され、二〇〇二年に列聖されました。

「子どものころからイエス、聖母、守護天使が見えて話した」と母親が語っており、一九一〇年九月七日、ピオ神父が祈っていると、イエスと聖母が現れ、彼に聖痕を与えました。黙想を重んじていたピオ神父は「本の研究を通して人は神を探し、黙想によって人は神を見つける」と語りました。彼は、片時もロザリオを手放すことはありませんでした。「ロザリオは武器だ。祈りは神の心を開く鍵だ」と語ったそうです。

精神的成長のための五つのルールとは、毎日の懺悔《ざんげ》、日々の霊的交流、霊的リーディング、瞑想、良心の検査でした。毎週の懺悔は部屋の掃除を毎週するのと同じだったのです。一日に朝晩二度の黙想と自己分析の実行を勧めました。彼の有名な言葉は〝Pray hope, and don't worry〟ですが、あらゆる点で神を認め、何にもまして神の意思に従うように勧めました。

ピオ神父は子どものころから病弱だったこともあって、神の愛は苦悩と切り離せないと信じていました。そして、「神の為にすべてにおいて苦しむことは、魂が神に達する方法であると、思っている」と語っています。

精神的苦しみの間、ピオ神父は一通の手紙で、イエス、聖母、守護天使、聖ヨゼフと聖フランチェスコが常に彼の側にいて、彼を助けるという固い信念を持っていたため、試練の時にも忍耐強さを失わなかった、と述べています。

一九一八年、可視的聖痕を受け、それは消えませんでした。その後、治癒の才能、空中上昇、預言、奇跡、読心術、語学の才能、改宗、傷からの香りを含む超自然的な才能を現し始めました。

彼の最後の言葉は「聖母マリア」でした。彼が亡くなった日、ベネズエラの知人女性に神父が現れ、「私はさよならを言いに来ました」と語りかけました。

067 聖ペテロ

聖ペテロはイエスの最も傑出した弟子であり、イエスの死後は使徒たちのリーダーとなりました。

彼はガリラヤ湖の漁師シモンとして、新約聖書では初めて登場します。兄弟のアンデレがイエスにペトロを紹介し、この時イエスは、二人を「人間を漁《すなど》る漁師にしよう」と語っています。後になって、イエスはシモンに「岩」を意味するペテロという名を与えました。彼がキリスト教の土台となる岩になるようにとの思いを込めてのことです。他の使徒たちと同じように、彼も結束や離反を経験しましたが、天国の扉の鍵を与えられたのは彼だけでした。

新約聖書において、ペトロはいつも使徒の筆頭として扱われ、イエスが関わった重要な出来事のほとんどを、その目で見ています。

ユダヤ大祭司の下役に対してイエスを知らないと証言して裏切ることになるのですが、復活したイエスが真っ先に訪れた使徒はペトロでした。そして、キリスト教を盛り立てていくために、再び彼を登用したのでした。

「私の子羊を飼いなさい」「私の羊の世話をしなさい」

ペテロはイエスの指示に従い、群衆に説教したり、キリストのみ名において奇跡を起こしたりしました。彼はこうした布教活動を行い、ヘロデ・アグリッパによる投獄から生き残ってサマリアやアンティオキアへの宣教にも参加し、アンティオキアでは最初の司祭になりました。

ペトロはローマでも聖職者として活動しました。皇帝ネロに追われ、信者を置いて逃げている途中で、正面から（亡くなった）イエスが来ましたので〝Quo Vadis Domino?（主よ、どこにいらっしゃるのですか？）〟と聞きました。すると「（逃げるのなら）再び十字架に掛かりに行く」とおっしゃいました。ペトロは、これはいけないと引き返し、ネロによる、逆さ十字の刑で殉教したのでした。

ペトロはローマ教会を設立し、殉教し、今、サンピエトロ教会（バチカン）の地下に埋葬されています。ペトロは長寿を司る聖者であるために、天国の扉の番人として信仰を集め、また、キリスト教と教皇職を守護する聖者でもあるのです。

068 コルベ神父

第二次世界大戦下のアウシュビッツ収容所での出来事が、コルベ神父の名を世界に伝えるきっかけとなりました。

一八九四年一月八日、ポーランドに生まれ、神学校に入り、一九一八年、司祭になりました。この間、「聖母の騎士信心会」を結成しています。一九三〇年には来日して、一九三六年に帰国しましたが、一九四一年にゲシュタポに逮捕され、アウシュビッツに送られました。ある人の身代わりで亡くなったそうです。

069 パスカル

パスカル（一六二三年～一六六二年）は、フランスの数学者、物理学者、キリスト教思想家です。幼少のころから、素晴らしい才能を発揮し、科学や数学の分野でも数々の発明や発見をしています。信仰深い家庭に育ち、キリスト教信仰を深く思索しました。彼は人間完成の理想を追求し、はじめは文学的に、また、数学的に思索しましたが、それらによっては解決されませんでした。

そこで、新しいキリスト教弁証法を試みました。それが、未完ではありますが、死後出版された「パンセ（瞑想録）」です。

070 ホサナ

「ホサナ」とは、救い主を与えてください、というヘブライ語儀式用語です。イエスがエルサレムに入場した時に、群衆は、ホサナを連呼し歓迎しました（「マタイ」21・9）。

071 ゲッセマネ園

ヘブライ語で「油絞り」を意味します。この名のついた園は、エルサレムの東側でオリーブ山の西側にあります。イエスは弟子たちと共に、よくここへ来たそうです。また、捕えられた時も、ここで弟子たちと共に祈っています。イエスはたびたび、ここで祈りました（「マルコ」14・32）。

072

聖ベネディクト

「私の名のために、家や兄弟、姉妹父母、子、田畑を捨てる人は、みなその百倍のものを受け、永遠の生命を受け継ぐであろう」（「マタイ」19・29）

この主キリストとの約束は、西洋の修道生活の始祖と仰がれる聖ベネディクトの生涯にも果たされています。

彼は文字通り、この世のものからすっかり心を引き離しましたが、そのためかえって強健な体力と学識、優秀な弟子を溢れるほど与えられました。

聖ベネディクトは四八〇年、イタリア中部のノルチアの貴族の家に生まれました。若くして、ローマで哲学や法律を学びましたが、当時のローマは、ゲルマン民族移動の影響もあって世相は乱れ、一部の学生も不道徳に流れていました。彼はこれに幻滅の悲哀を感じ、エンフィデに行き、修道者の一団に加わったのです。たまたま彼の取次で起こった奇跡が評判になりましたので、人里離れたスピアコのほら穴に入り、完全な孤独、祈り、観想、苦行の修道生活を始めました。

しかし、独りぼっちの生活では肉体的にも精神的にもよくないと悟り、子どもたちを集めて教理を教えたり、付近の修道団体の指導を引き受けたりしました。そのうちに、弟子たちも多く集まりましたので、その洞穴の周りに十二の家屋を建て、一軒に十二人ずつ居住させました。

スピアコ滞在の三年間、ベネディクトはえりぬきの弟子たちを連れてローマとナポリの間にある、モンテ・カシノ山に登り、古城の廃墟の上に修道院を建てました。そして、この地に来客の宿泊所、書庫、作業所、病室、粉ひき場などを増設し、自給自足の完全な共同生活を始めました。修道者の数が増えたので、修道生活の規則も書いています。この他での、ベネディクトの活動は、モンテ・カシノ修道院の壁を越えて、遠くに及びました。地元の移住民たちには労働の尊さや農耕の技術も教えました。

そして聖ベネディクトは、奇跡を起こす力や人の心を読み取る能力にも恵まれていました。民族大移動の波に乗って、ゴート族が中央アジアからイタリアへ侵入してきた時のことです。ある日、ゴート王トチラの部下がカシノの民家に押し入り、金を出せと強迫しました。そこの主人は拷問の苦痛に耐えられず、「私のお金は全部ベネディクト師に預けてあります」と言ったのです。そこで、兵士は主人の両手を縛って修道院に案内させました。ベネディクトはその時、読書中でしたが、「今すぐ、こいつのお金を出せ」という兵士の怒鳴り声に、ふと目を上げて二人を見ると、不思議にも縄は解け、兵士はその場に倒れて動かなくなってしまったそうです。

やがて、ベネディクトの高徳がトチラ王の耳に入り、ある日、ベネディクトを試してみようと思い、部下の一人を王に仮装させて修道院へ送ったのです。ベネディクトは一目でこの芝居を見破り、「その王衣も王冠もあなたのものではありませんから、さっさとお脱ぎなさい」と勧めました。

このあと、すぐにやってきたトチラ王に対しては、残虐を改めて人々に善政をしていくように勧めてから、なお九年間生きながらえてシチリア島を占領し、その地で亡くなることを預言したそうです。はたして、歴史は預言通りになりました。

ベネディクトはまた、妹の聖スコラスチカや同志の婦人のために八キロ離れたボンピアローラに女子修道院を設立しました。そして五四七年、六十七歳でその実り豊かな生涯を終えています。

なお、この修道院から教皇、司教、司祭、著名な学者などが、多く排出されており、聖大グレゴリウス一世（ローマ教皇）もその一人です。

073

音楽

神と人とを結びつける宗教は音楽を生み出します。キリスト教も信仰を表現したり、礼拝のために素晴らしい音楽を生み出したりました。旧約聖書の「詩篇」に「琴に合わせた歌」「聖歌隊の指揮者によって歌わせた歌」など、音楽を伴う詩が多くあります。新約聖書の中にも「詩と賛美と霊の歌とによって」神を褒めたたえることが教えられています。

キリスト教がローマ帝国の国教となり、礼拝が整えられるに伴って、グレゴリオ聖歌と呼ばれる礼拝音楽がたくさん作られるようになった中世に、パレストリーナが美しい宗教的叙情を持つ合唱曲を数多く作りました。

ルターは、それまでラテン語でしか歌われていない礼拝音楽をドイツ語で歌えるようにしました。ドイツでは、ドイツコラールと呼ばれる音楽が発展し、音楽史上最高峰の音楽の父バッハが出現します。バッハは、教会カンタータ、ミサ曲、受難曲、オラトリオの他、多くの教会用オルガン曲を作曲しましたが、それらは、今日でも教会音楽の中心として使用されています。バッハの前のシュッツの存在も大きく、バッハと同時代のヘンデル、モーツァルト、ヴェルディ、ベルリオーズ等、直接間接に音楽はキリスト教と共に歴史をたどってきたのです。

私は聖グレゴリオ宗教音楽研究所で、パイプオルガンを学びました。

なお、今のロック音楽、ヘビメタ音楽といった騒々しい音楽は悪魔からのものなので、気をつけてください。悪魔は自分の滅びが近いのを知っているので、滅びる道ずれを探しているのです。

074

月基地のレポート

二〇一二年九月二十五日の浅川嘉富氏のブログ、真相レポートで、プレアデス星団のＵＦＯが次々月から出ていました。私も以前、満月の周りを動いているＵＦＯの動画を倍率を上げて撮ったことがあります。ワクワクしたものです。

075

創造主のメッセージを重視せよ

『UFOコンタクティー　ジョージ・アダムスキー』（中央アート出版社）より

「霊媒を信じてはいけない」

誰もが楽しめる、〝真実の法則〟と個人のエゴを美化するいわゆる〝もろもろの法則〟との間には、相違があります。神すなわち創造主は一個人だけを尊重するのではありません。心霊問題の研究は、まず人間の自我、人間と宇宙との関係、人間が扱っている諸要素などに対する徹底的な知識を得ないことには、危険な遊びになります。なぜなら、こうした基本的な準備がないために、人間を研究する人は多くの大通りを通って、結局混乱してしまったのです。

現象です。

「ウィジャボードや自動書記は危険」

ウィジャボードは占い文字盤。自動書記とは、ひとりでに手が動いて文字を書く現象です。

これも人間の自我と万物との関係に対する理解の欠乏にさかのぼります。これは、地球上の住民そのものからくる印象です。この地球には五十億人いますから右のように得られる第一印象レベルは代表的メッセージを生み出します。すなわち、貧欲、恐怖、憎悪、差別、自己拡張、予測などの想念波動です。そして、これらは常に低次元のふざけやです。

一方、創造主のメッセージは人間を脅かさず、非難せず、恐怖を生じさせません。以上のルールを尺度として用いれば、受信内容がこの世界の低次元のものか、それとも宇宙的なものかが、かなり容易に分かります。

「自分自身を知れ」

宇宙の法則とその応用法はどこで学べるか？　の答えです。

『テレパシー』という私の著書（『新アダムスキー全集第2巻　超能力開発法』中

央アート出版社）に、私が応用した法則が説明してあります。ブラザーズが私に語っているのですが、その法則は近隣の惑星群でも応用されています。

これは普通に認められているテレパシーの教えではなく、人間とは何か、人間はどのように機能するのか、人間の存在の目的は何か（創造主に近づき愛深くなること）などを説明しています。これらを理解することが本当のテレパシーの解明の基本となるのです。人間は「自分自身を知れ、そうすれば万事が自分に漏らされるだろう」ということわざほどに真実なものはないのです。

自然のすべては単純なものですが、宇宙の諸法則もそうなのです。宇宙の法則は地球人にとって目新しくもなければ、未知のものでもありません。それは地球の哲学的な教えによって長い時代を通じて伝えられてきました。真実の哲学は、万物が存在せしめられた目的に従った生活の科学以外、何物でもないのです。そこには永遠の成長と融合があり、分割は絶対ないのです。

テレパシーの著書に戻ると、発達は与えられた知識に対する各人の応用にかかっています。既に、『驚異の宇宙船内部』（『新アダムスキー全集第一巻　第二惑星からの地球訪問者の中の第2部』）にテレパシーについて少し述べてありますが、これを読んだ多くの若い人たちが、友人とテレパシーによる通信で著しい成果を上げています。このことは「幼児のようになることによって学べ」ということわざの大変優れた例証だと思います。というのは、幼児の心は年長者が具体的な事実として文句なしに認めている、規制概念に汚されていないからです。

076

コンタクトにはテレパシーが必要

「現在、スペースピープルは、私たちが発する想念をキャッチすることができるのですか？」との問いに、アダムスキー氏は述べました。

「はい、彼らは常にそれができます。私の著書『驚異の宇宙船内部』で詳しく説明したように、あるグループのスペースピープルが私の真剣さをテストした上で、世界の人々に伝えるための代表として、私を選んだのは私の想念をキャッチしたからです。彼らはまた、彼らの方へ想念を送っている多くの人にも気づいており、多くの場合、彼らは応答しています」

しかし、私が聞いたところでは、送信するほとんどの人は「コンタクトしたい」という想念を送ることで心が占められているために〝受信局〟を設けるチャンスが出来ていません。どうみてもテレパシーというのは送信と受信の両方が働かないとコンタクトも実現しないのです。スペースピープルとのテレパシーによるコンタクトに関心のある、あらゆる年齢層の人々に対して、私は常にアドバイスを与えています。まず、地球上の友人とテレパシーの送受信のテストをやってみるのです。

自分が既によく知っている人からテレパシーによるメッセージを受信できないというのに、どうして他の惑星から来た人たちとのテレパシーがうまくいくでしょうか。

077

心が健康な時のアルファ波

人間が普段活動している時、通常四つの脳波（アルファ波、ベータ波、シータ波、デルタ波）が出ており、緊張したり不安にかられているときは「ベータ波」が、心が安定しリラックス状態にあるときには、「アルファ波」が出やすいといわれています。

何か好きなものに没頭していたり、瞑想状態にある時に発生する脳波が「アルファ波」であり、クラシック音楽を聴くことでも「アルファ波」発生の心の健康を得ることができます。優良宇宙人の惑星では、地球のクラシック音楽に似た曲が流れていたのです。

078 アヴィラの聖テレサ

聖テレサは、十字架の聖ヨハネと共に十六世紀のスペインで、カルメル会の思想を設立しました。その生活では、「神なきわれは無であり、われにとっては、いっさいである」という根元から出発し、被造物から離脱した「自分の霊魂の奥底において、神と共に生き」また、「すべてにおいて、神のおぼしめしを行う」というモットーを英雄的に完成しました。

テレサは一五一五年、スペインのアヴィラ市に生まれました。彼女の両親は信心深い貴族で、子女教育に熱心でした。七歳のころから、兄と共に読書好きの父親にもらった聖人伝をむさぼり読んだそうです。

病気になって療養のかたわら、聖ヒエロニモが聖パウラに送った書簡を読んで、修道女になる決心をし、十九歳の春、カルメル会に入会しました。聖堂の、イエスがむちに打たれた絵を見て感動し、わが身の冷淡を深く恥じ入りました。そして、聖アウグスチヌスの「告白録」を読んでわが魂のあさましさを発見し、もっと熱心に修徳に努めねばと痛感したのでした。「魂の奥底で神と共に生きる」祈りと黙想の深い信仰に徹し、瞑想を勧めました。

テレサによれば、「聖人になる道は自我の感情を喜ばず、楽しみの道ではなく、自我のかわりにイエスの精神を生かす十字架の道である」とのことです。それでも彼女は「長時間の中には、私どもでも、聖人方がついに獲得されるに至った物を、神の助けと自分の努力で得られることを、確信します」と言っています。

神はある日、天使を遣わし、焼けた金の矢で彼女の（霊的に）心臓を貫かれました。それと同時に神に対する愛熱に燃え立つのを覚えました。その後、カルメル会の刷新を行い、苦行、犠牲、謙遜の十字架の道を歩んで一五八二年、「主よ、私は教会の娘でございます」と言って、帰天しました。

079

聖ジェンマ・ガルガニ

今は行きたい所に行き、欲しいものを手に入れることができて、万事とんとん拍子にいっているとしても、やがて病弱、疲労、退屈などの肉体上の十字架や失敗、侮辱、意見の相違、利害衝突、親しい人との死別などの霊的な十字架をいやでも背負わなければならないのです。

諸聖人は、そうした十字架を神からの贈られた賜物《たまもの》と考え、キリストの犠牲に合わせて、これを自他の罪の償いや徳の訓練に利用するすべを心得ていました。聖ジェンマも病弱の身でありながら、おおしく自分の十字架をになって、キリストの救世事業に参与した現代の英雄的な乙女です。

聖ジェンマは、一八七八年、北イタリア・ルッカ市に近いカミリアノという小さな村に生まれました。父は薬剤師で、妻子九人を養うために毎日忙しく立ち働いていましたが、母は健康がすぐれず床に伏す日が多かったのです。四番目のジェンマは、幼いころから母の病床で信仰上のことや祈りなどを習うのが大好きでした。

ある時、母は幼いジェンマに十字架を見せながら「ジェンマ、優しいイエス様は人をお愛いしになったのに、かえって人から打たれ、あざけられ、傷つけられて、十字架上でお亡くなりになったのです」と、主イエスの御受難を話して聞かせました。すると、これに感動したジェンマは目に涙を浮かべながら、イエスをいたわる心からその御傷に接吻《せっぷん》しました。後年ご受難の花というべきジェンマの偉大な聖性は、このように母の枕辺で芽ばえたのです。

主イエスは一八八五年、七歳のいたいけないジェンマに、最大の犠牲を求められました。堅信の秘跡を受けてからミサにあずかり、母のために祈っていますと突然、心に声がしたのです。「ジェンマ、母を私に与えないか」彼女はすぐさま「私も一緒に連れてってくださるなら……」と答えると「あなたはなおしばらく父と共にこの世に残りなさい。私は母をまず天国へ入れよう。快く母を与えよ」とおっしゃったのです。

こうしてジェンマは苦しみの杯《さかずき》をおぼしめしのままに受け取り、キリストの御心痛にあやかりながら、最愛の母親と死別しました。

その後、彼女は女子修道会経営の学校に入り、熱心に勉学や信心に励みました。優秀な学業成績に加えて、その徳行は級友の模範となったのです。彼女は形式やお世辞にはこだわらず、人の心を傷つけない程度にはっきりものを言いました。しかし、人の意見を重んじ、決まってよい話を聞く方にまわっていたので、無能者のように見えることさえありました。時々、自分のあやまちでないことでとがめられても、じっとこらえました。

十六歳の時、またしても大きな犠牲を求められます。兄のジノが亡くなり、ジェンマ自身もその看病に疲れ果て三カ月も床に伏す身となり、ついに学校を退学しなければならなくなりました。その後、弟妹の母代わりとなって、養育したり、家事を取り仕切って父親を慰めたりしました。

そのうち、一家の支柱とも頼む父が失業し無一文になり、続いてこの世を去りました。その上、自分も脊髄を患い、いろいろ治療をつくしましたが、治りませんでした。

この病気と貧困の二重苦の中に、彼女はつゆほども不運を嘆かず、「私はイエス様と共に苦しみとうございます。私の唯一の楽しみは主と共に苦しみに耐えることです」と繰り返し言っていたそうです。

そのうちに、聖ガブリエル・ポッセンチや聖マルガリタ・マリア・アラコクの取次で奇跡的に全快しましたので、修道院入りを願いましたが、健康上の理由で許されませんでした。その後彼女は、チェチリア未亡人の養女となり忠実に家事手伝いをしていました。一八九八年には重い病気になったのですが、イエスがご出現になり全快しました。

三十歳の時、突然脱魂状態になり、イエスと同一の聖痕を受けました。また、聖ガブリエルの御出現を重ねて受けました。なお、彼女は司祭の指導のもとに聖体、聖母、守護天使に対する信心を深めながら罪人の改心のために、布教のために、教会の発展のために、絶え間ない祈りと犠牲を捧げました。

こうして、一九〇三年四月十一日、二十五歳の復活祭前夜、帰天しました。そして、一九四〇年五月二日に、教皇ピオ十二世により列聖されました。薬剤師、孤児、誘惑に対しての保護者です。

080 シエナの聖カタリナ

一三四七年の春、イタリア・シエナの染物屋に女の子が生まれました。父はおとなしく正直な信心深い男で、母は口はうるさいですが働き者でした。かなりの財産家でしたので、二十三人の子どもたちにそれぞれ知徳両面の十分な教育を授けました。

なかでも末っ子のカタリナはかわいらしい快活な子でしたので、愛されてすくすくと育ちました。敬虔な彼女は、近くにあった聖ドミニコ会修道院の修道女の生活を見るにつけ、幼な心にあこがれをいだくようになりました。そのうちにカタリナは神父の勧めもあって、神に一生を捧げようと決心したのです。父母は、この美しい娘を結婚させようとしていましたが、ある日、カタリナが祈っていた時、父親は娘の頭の上に白いハトがとまっているのを見たことで、両親は反対しなくなりました。

その後、彼女は在俗のままで聖ドミニコの精神にならい、福音の勧めを実行し、人々の救霊のために働こうと決心しました。まず、その準備として三年間、一室に閉じこもり、祈りと苦行の贖罪《しょくざい》生活を始めました。少しのパンと粗末な野菜で満足し、また、二十二～三枚の板を枕に着衣のまま休みました。

三年の修業を終えた十八の時、聖ドミニコ会の第三会員になり、家事を手伝いながら暇をみては貧者や病人を見舞って、できるだけの援助をしました。ある日、イエスは一方の手にいばらの冠を、もう一方の手に黄金の冠を携えて、彼女の前にお現れになり、「どちらを選ぶか」と問われました。カタリナはすぐさま「私はいばらの冠を頂きます」と答え、キリストにならってすべての困難を喜んで引き受ける覚悟を決めたのでした。

間もなく彼女の徳行は夜空にまたたく星のように輝き、多くの迷える人々に光と慰めを与えました。一三七四年、キリストは再び現れ、カタリナに五つの聖痕を印されました。その時キリストはおっしゃいました。

「私はあなたの知識と雄弁の恵みを与える。各国を旅行し、国の権力者、指導者に私の望みを伝えよ」

聖霊の導きのままに、あるいは手紙や著書を持って、あるいは各国の知名人を訪ねては、教会と国家の間の困難な問題について、有益な助言を与えました。また、諸都市間の平和条約に東奔西走しました。「神に光栄が帰せられ、霊魂が救われるならば、苦しみが私の上にふりかかりますように」と人類共同体のために働いたのです。

こうした荒波時代に聖会という箱舟を、双肩に担った彼女は、その重みに耐えかねてか、ついにローマで倒れました。かろうじて終油の秘跡を受け、「ああ、主よ、わが魂をみ手にまかせ奉る」の一句を残して、その潔白な魂は、一三八〇年、三十三歳で帰天したのです。

081

ジュセリーノ

ジュセリーノ氏は以下のように述べています。

一九九七年、私は天から「二〇〇〇年に結婚して子どもを授かる」という知らせを受けると同時に大変重要な務めを与えられました。それは「地球を救うために力を差し出なさい」というものです。人間は何よりも、霊的な贈り物を授かっている生き物です。その贈り物を正しく用いて心の育成をたゆまず続ければ見返りとして最高の目標――真実の楽園である魂の故郷で永遠に生きること――を達成できるかもしれません。現世にいる間は物質的恩恵も受けますが、霊的な贈り物ほど重要ではありません。

したがって、物質的財産の獲得を人生最大の目標とみなすのは、とんでもない過ちです。深刻で危険な過ちと言っていいでしょう。創造主の意図に反したゆがんだ考え方であり、決して良い結果をもたらしません。

人間は第一に魂の存在であり、優先すべきは魂の向上です。神はすべてお見通しです。別に天使になれと言うつもりはありませんが、いつも善の道を選びとって歩まなければいけないのです。教会でお祈りして、出た後で悪行を働いては、何の意味もありません。すべての人間の心の中に神がいます。人種も宗教も関係ありません。良い行いをするということは、神と共にあるということです。

「預言」

ジュセリーノ氏が東日本大震災の預言をしていたそうです。以前、彼の講演会に行ったので、まとめました。ロビーで彼をお見かけした時、目が合って挨拶したら、彼もニコニコ挨拶してくださいました。百八十五センチくらいで目が澄んで感じが良かったです。

☆将来、世界中が水不足になり、石油より値段が高くなる可能性。

☆台風、地震、火山噴火が増え、水、食糧が不足する可能性。

☆氷河が解けて十年くらいで海面が六〜七メートル上昇する可能性。
☆これから五年の間に大混乱の可能性。
☆太陽のずれで小惑星が地球に向かいやすい。二〇三六年、八〇パーセント直撃の可能性。百五十メートルの津波の可能性。
☆世界は愛を持って、調和を持って、お互いに尊重して、環境を守っていくように。手をつないで、良いことをするのが重要。
☆地震など起こらないように祈りましょう。
彼も毎日祈っているそうです。

082 癒やされたパワースポット

私が訪れて癒やされた所を紹介します。

出雲大社、諏訪大社春宮、上高地河童橋、上高地明神池（カモが池から上がってきて三十分ぐらい、私のそばで一緒にいました）、伊那分杭峠（ＵＦＯ写真が撮れました）、蓼科女神湖《たてしなめがみこ》（食堂右奥の吊るし雲の額の前の椅子の所にパワー感じました）、長野県北杜市増富温泉（とてもぬるいので、春夏秋向き）、群馬県月夜野、奈女沢温泉（霊泉で飲めます）、京都・鞍馬寺（△印の所、パワーを感じました）、富士山、富士山近くの浅間神社（ＵＦＯの写真が撮れました）、厳島神社&弥山《みせん》、弘法大師お遍路四国八十八カ所、高野山（奥の院大日如来の所、パワーを感じたとジュセリーノ氏は述べました）。

083

宇宙人のメッセージ

「テオドール星人」

あなたに求められていることはただ一つ、澄んだ心を保ち続けることです。

「金星人」

☆宇宙人は地球人の心の隅々まで知っています。

☆村田氏が乗った円盤の機長は美しい女性でした。一同が瞑目《めいもく》した時、彼女は「深き神様の愛に感謝し、祝福されたる地球の友、他人のためにその使命を無事果たされますように、地球世界の平和が一日も早く来ますように、お祈り致します」と祈りました。

地球のためにいつもありがとうございます。

「プレアデス人」

☆競争で人に勝つことしか知らず、物欲、独占欲、エゴを丸出しにしている人間にオーラは輝きません。オーラは「他人を愛する心」を高め、他人への奉仕、全体への奉仕を起こすことによってのみ、輝きを増します。この「他人を愛する度合い」が、魂の進化度にもなっているのですよ。

☆宇宙人は過去、未来を両面で見られる。当時の五十年先の「サクランボ娘」に上平氏の親戚が選ばれたのが現実となった。

☆私たちの社会では人を攻撃する人は誰もいません。人にいやがらせをしたりすることも一切ありません。

☆地球の音楽の中には、ただ粗雑で荒々しい音を出すだけのとても音楽と認められないものがありますが、私たちの音楽は心を歌い上げる魂からの音楽です。

☆神の目的にかなった行動をしてきた証であると言えばビックリするかもしれませ

ん。人間の個人的欲望を捨て、他人を愛する愛を高めた結果、愛の奉仕活動を基本とする社会を構築出来たのです。それによって、私たちの進化は、科学の発展と共に加速していき、宇宙の観察、調査、大宇宙旅行へとつながっていったのです

☆思いやり、助け合い、協力、譲り合いを人々の心に自然に根付かせる環境作りが必要です。

☆宇宙人は常にテレパシーで話をしています。

「ラムー船長から人類への警告」

「自分自身を高度に律することのできない人々は地球から追放され、土星の衛星の住人のように他の住人の所有となろう。冥王星に関しては、充分な正義が行われるであろう。悪がいつまでも続くわけではない。『創造主と共に平和に生きる人々』が救われるのはよく分かるが『正しい人』や『良心を有する人』も見捨てられない」と述べています。

「人は常に精神的に向上していかなければならないのである。もし人が向上心をなくせば次の世界に生き残れなかったネアンデルタール人のように地球上から消える運命しか残されてない。われわれは人々の精神性が大きく進化しなければならない転換期に来ているのである」

ケイシーは次のように述べています。

「正しい者だけが地球を相続することになる」

「アプ星人」

☆彼らの業務はすべての生命体を守ること。

☆「忘れないよ」はアプ後で感謝の言葉。

☆生命体の根幹をなすのは、和合、労働、学習、平和。

☆聖地クスコの由来は工場監督だったアプ星人クザクから。

☆平和のために支援された。〝国際法の父〟グローテイウスと国連創設に尽力。

推薦人アントン氏の言葉「エゴ、怨念や野心などは、私たちの精神状態をますます不安定にするだけなのです。現代社会では、愛と奉仕と友情の精神はすたれてしまったのかもしれません。しかし、この三つの心をよみがえらせることが地球生活の幸福を実現する唯一の手段なのです」

「プレアデス星人」

プレアデスの兄弟たちから「愛になりなさい」というメッセージを受け取ってスピリチュアルな道を探究し、……高次元の存在と共に、地上に天国を創ることに心をときめかせながら生きています。これによって、数多くの人の運命のコードが点火されるであろうことを願っています。

「金星人」

☆私たちは地球人のように肉食は致しません（週1〜2回ほど、地球では可）。

☆教育制度……地球によくある、そねみ、ねたみ、憎しみ、悲しみ、うらみ等のような業想念は全く見られず天真らんまんのうちに成長するのです。常に天性教育を受けます。
☆基地司令官（男）は述べました。
「大神様の愛念は私たちがどのように努力しても、推しはかり知ることのできないまでに、広く、深く、かつ高いものであります。こうした世界を次から次へと昇華を続けるのが人類なのです」

その後、瞑目され統一に入られました。
☆人類救済のただ一つの道は「世界人類が平和でありますように」と全身全霊でお祈りすることです。

「クラリオン星人」
☆周波数の変換は、一人一人が行わなければならない仕事なんだ。個人が自らの責任をまっとうして初めて実現するプログラムなんだ。
☆愛はコスモス（宇宙）の法則だよ。愛とは均衡バランスだよ。周波数の同調が均衡を生むんだ。

☆悪の宇宙人には一度も会ったことがない。次元上昇中のところには入れないことになっている。だから、必然的に地球にも入り込めないわけだ。というわけで、悪の宇宙人がこの次元にいるとは考えにくいよ。本当の敵は人間自身なんだよ。
☆クラリオン星から地球までは、光速以上で七十二、三日かかる。
☆彼らは遺伝子学的にも進化した生命体だ。
☆神の慈悲は無限ではない。進化できなかった生命体や魂は宇宙の記憶から完全に抹消される場合だってある、と彼ら（宇宙人）は述べました。

084

聖カタリナ・エンメリック

一七七四年九月八日～一八二四年二月八日。カトリック聖アウグスチノ修道会の修道女。神秘家。

二〇〇四年十月三日、教皇ヨハネ・パウロ二世によって列聖されました。イエスの受難、聖母の晩年など聖家族の様子、終末の時代の教会の様子を幻視し、記録に残しました。著書に『キリストのご受難を幻に見て』（光明社）などがあります。幻視した、聖母が晩年を過ごした家は、十九世紀トルコのエフェソスで発見されました。現在ではヨハネ・パウロ二世なども訪れた巡礼地となっています。

両親は大変貧しかったので、十二歳から農場で働き、その後は裁縫の仕事をしました。熱心に祈り、教会のミサや行事に参加しては、十字架の道行きを祈りながら、長い道のりを歩くなど、熱心な信仰生活を過ごしました。一八〇二年二十八歳で修道院へ入りましたが、一八一一年に修道院は閉鎖され、身寄りのない人用の家へ身を寄せました。

一八一三年、寝たきりのベッドの上で生涯を送った原因となる聖痕を受けたのは、このころでした。病床でも、彼女は人々への愛情に溢れ、助けが必要とあれば助けようとしました。貧しい子どものために服を縫い、多くの訪問者を親切に受け入れ、祈り、励まし、安心感を与えました。苦しみを人々の救済のための賜物と考えたのです。「私を、過ちや弱さのために間違った道を歩んでいる人々の罪の償いとしていただけるように、いつも願っています」と述べたそうです。

085

聖ドミニコ

聖ドミニコは一一七七年、スペインのカステラの裕福な貴族の家に生まれました。両親共に極めて信仰厚く、事に母のヨハンナは聖徳のほまれ高く、福者として公式に崇敬されています。伝えによれば、母は胎内のドミニコが全世界を照らす「たいまつ」をくわえた白黒のまだら犬の形で生まれる夢を見たそうです。また、代母はドミニコの洗礼の時、その額に光輝ある星がついているのを幻で見たと言っています。これらの印はドミニコおよび、その修道会の将来を暗示するものとみなされています。というのも、彼は異端に覆われた地方に神の真理の「たいまつ」を高くかかげ、その会員と共に白黒の修道服を着たドミニカス（主の番犬）として教会の権利や信仰の遺産を注意深く守ったからです。

ドミニコは幼少のころから、敬虔な両親の言葉や行いに見習って信心生活に心を引かれ、七歳の時、母のおじにあたる司祭のもとに預けられて教育を受けました。神童と言われた彼は、十四歳で早くもヴァレンシア大学に入学を許され、十年間、開校以来の優秀な成績で種々の過程を修めました。その間に、ただ勉学だけでなく信心にも善徳にも力を尽くし、飢饉《ききん》の時などは、自分の手で注釈を加えた貴重な本まで売り払って飢えに苦しむ人を救ったそうです。十四歳で司祭になると、スペインの司祭の顧問役として、聖アウグスチヌスの戒律に基づき共同生活を行いました。

間もなく、その豊かな学識と誠実な人柄が高く買われて参事会会長を任命され、「人々の救霊を得るに役立つ真の愛を我に与え給え」と祈りました。一二〇三年、スペイン国皇太子の縁談をまとめるためにオスマの司教と旅行中、フランス南部が異端にかかっているのを見ました。ある日、「もし異端の改心を望まれるなら、その宗派の開祖のように貧しく謙遜に苦行の生活をしなければなりません」と忠告する者がありましたので、ドミニコはそれに共鳴し、寝食最小限にし、身に粗服を着て、柔和に説教したところ、大いに好結果を得たのでした。また、ロザリオの祈りを勧めたのですが、これがロザリオの祈りの起源と言われています。

ドミニコは厳しい苦行、修道会指揮管理、徒歩による巡回などをし、翌年、五十一歳で帰天しました。

086 契約の櫃《ひつ》

聖書より

主は大いなる炎に包まれて山に降り立ち、史上初めて全員に聞こえるような声をもって語られた。神は正式な形で十戒を定められた。それは法律ながらすべてを包括し権威ある十の法律、神への務めと人への務めを網羅する法律であり、大いなる愛の原則に基づいていた。

その命令は、神の永遠に亘《わた》る倫理の法を表明したものであり、神と人への愛が十の戒めに込められていた。主なる神は、それを不滅の石板に光の指先でもって、記された。

（レーザー光か）

087 ヨハネ黙示録ミニ

七つの教会への手紙
天の玉座と子羊の登場
七人の天使のラッパと災い
女と竜　海の獣と地の獣
第七の災いと七つの器
大淫婦《いんぷ》の裁きとバビロン滅亡
子羊の婚宴と白馬のメシア
キリストの千年王国と最後の審判
新しいエルサレムとキリストの再臨

最初と最後以外は災いの描写です。神はヨハネに述べました。

「この書の預言の言葉を封じてはならない。不正を行う者は更に不正を行い、汚れた者は更に汚れた者となれ。自分の衣を洗い清める者は幸いである。門を入ることができるのである。みだらな者、人を殺す者、偶像を礼拝する者、また、偽りを好んで行う者どもは皆、外にいる」

088

宇宙人エリナ

エリナは正しかった。

「レベルの高い次元では、だれも私たちを傷つけようとなんて、考えないわ」

「ねたみ、欲、怒り、不誠実などのすべては低いエネルギー、または低い知性と情緒の産物です。だからこそ、害であり、危険なのです。このような周波数で生きている人や場所を避けるべきなのは、まさにそのためなのです」

089 お釈迦様の八正道

1. **正見**……自己中心的な見方や偏見をせず、中道の見方をすること。
2. **正思惟**…自我的立場でなく、無我こそ自己の真実である。
3. **正語**……妄語、両舌《りょうぜつ》、悪口を離れる。
4. **正業**……殺生、偸盗《ちゅうとう》、邪淫《じゃいん》を離れる。
5. **正命**……正しい生活を営む。
6. **正精進**…ひたむきな努力の生活。悪、不善を断ずる努力。

7. 正念……身を観察し、熱心に正しく理解し、精神を集中し、明瞭な精神、心を持って身体を知る。

8. 正定……心身、一致の正しい知恵を完成する。

お釈迦様は三千年前に「色即是空　空即是色」と言いました。つまり、「エネルギーと物質は同じもの」と分かっていたのです。

大至急、新人類に変わりましょう。新人類とは、悟りのように、宇宙の構成と意思を理解し、それらに逆らわないようにして、平和でみんな仲良く生きていくことができる世の中を創ろうと考える人です。それが新人類です。

090

ポルト・マウリチオの聖レオナルド

聖レオナルドは、一六七六年、イタリア・ジェノア郊外の港町ポルト・マウリチオに生まれました。船長であった父は、職務がら海上生活を主に日々を過ごしましたが、自らの手本で、わが子の宗教教育に力を尽くしました。それで、レオナルドも物心がつくころから聖母に対する祈り方や賛美歌を覚え、近所の子どもたちを集めては説教師のまねをしていました。

十二歳の時、ローマに留学し、勉強のほか、黙想に多くの時間を費やしました。しばしば告白、聖体の秘跡に与り、周囲の人々を教会に誘っていました。その後、ローマ大学の医学部に進学しましたが、間もなく修道生活への召命を感じ、一六七六年、フランシスコ会に入会したのでした。レオナルドは修道院に入ったその日から、会則時間表を、綿密に愛を持って守り、毎週何かの一つの善徳を特別に目指してその獲得に努めました。

司祭叙階後、学生に哲学を講義しているころ、肺結核を患いました。ローマ、ナポリ、故郷のポルト・マウリチオで、ありとあらゆる治療を試みましたが、何の効果もありませんでした。彼自身も医薬に見切りをつけ、今度は聖母マリアによりすがって、「もし全快しましたら余生を罪人の改心のために捧げましょう」と誓ったのです。

すると、さしもの難病も快方に向かい、以前にもまさる健康体を取り戻しました。レオナルドは誓いを果たすため、まず、自分の修道院の聖堂で説教したり、十字架の道行きの信心を始めたりしました。

のちに長上から修道院外の説教を許されますと、二、三日から一週間にわたって日に数回同じ群衆に説教しました。人々はこれを黙想会と名づけ、これは大成功でした。最初の年はジェノア地方で説教し、一七〇九年から四十年間は、イタリア全土およびコルシカ島を回って黙想会を開きました。

黙想において特に強調したのは、聖母への崇敬のためロザリオを唱え、聖母像を中心に行列を行うこと、煉獄の霊魂の苦しみを考えこのためにミサを捧げること、イエスの御名と御心および聖体を喜ぶこと、キリストの御受難を深く肝に銘ずるため、黙想会の終わりに十字架の道行きを行うことなどでした。

彼はいたる所で歓迎されました。リヴォルノという繁華な町に彼が説教に行った時のことです。ちょうどカーニバルにあたり、いつもなら夢中になって踊り狂う市民も鳴りをひそめ、レオナルドの説教を聞きにきました。説教が終わる毎に彼の周りには告白者が群れをなし、一人では聞ききれないので、幾人かの助手を付けてもらったほどです。

彼らはレオナルドの計画に従って働き、たえず大斎《だいさい》し、他人の施しによってのみ生活し、余分なものはすべて貧者に分け与えました。そして、病院の見舞い以外は外出せず、暇さえあれば、「わがイエスよ、憐れみたまえ！」と祈って、自他の罪の許しを求めました。この言行一致の生活に見習って、熱心な人はますます熱心になり、罪人は改心して正道に立ち返ったのです。

一七四〇年、教皇ベネディクト十四世に招かれ、レオナルドはローマの五つの教会で黙想会を開くことになったのですが、いずれも超満員の盛況を呈し、聖堂から溢れ出る人も多くなってしまったのでやむなく戸外で説教したそうです。一七四四年には、コルシカ島に渡って、説教のかたわら、島民の紛争を調停したり、イタリア各地の町民の不和を和解させたりしました。

一七四九年以来、彼は教皇の望みで三度もローマで説教し、一七五〇年には黙想会の終わりに遊技場で初めての大規模な十字架の道行きを行いました。休むことを知らぬ働き手のレオナルドも、七十五歳の寄る年波には勝てず、一七五一年、旅行中に病にかかってしまいました。同行の者が「ミサを捧げずに休養してください」と勧めると「一つのミサは地上のすべての宝より値打ちがある」と答えて、その後間もなく帰天しました。その遺体は現在ローマの聖レオナルド聖堂に安置されています。

091

聖バレンタイン

この愛を守護する聖者の由来には、二人の初期キリスト教徒があげられています。一人は、二六九年ごろ、ローマで殉教しローマ北方のフラミニア街道に埋葬された司祭で、そしてもう一人はローマで処刑されたウンブリア地方のテルニ町の司祭です。

なお、十七世紀に教会の権威たちは、この二人が同一人物であるとしましたが、近代においては、殉教した司祭の方が本人だったという説もあります。

ただ確実なのは、中世の時代から多くの悩み多き恋人たちがバレンタインに祈りを捧げ続けてきたということです。ちなみに、決まった相手にバレンタインデーのカードを贈る習慣は、一八四〇年にアメリカで始まり、今日では一大ビジネスまで成長しています。

092 霊的進歩は多く愛すること

ある人たちは、たとえひどく骨折ってでも、神について長時間考えることができると、たちまち自分は霊的人間だと思ってしまいます。また、自分の意に反して、それから心がそれると、たとえそれが良いことのためであっても、非常に落胆して、もうだめだと思ってしまいます。神の恵みについては、黙想するのが恵みでないというつもりはありません。しかし、霊魂の進歩は多くを考えることではなく、多くを愛することにあるのです。

ではどうすればこの愛を獲得することができるでしょう? 私たちが一人きりで、神のことを考え、その甘美を楽しもうと思っている時間の中に、義務の仕事や隣人への奉仕が割り込んできます。神がご奉仕のために働くようにと明らかにお命じになるのに、神を眺めていたいからと口実を作ってお断りするとは何ということでしょう。進歩することのできる道は一つしかないと主の御手を縛ってしまうとは神への愛へ進むのに、なんたる方法ではありませんか！（「創立史」５）

祈りに生きるとは、愛に成長していくことにほかなりません。ですから、祈りが単に考えるだけに留まるのではなくて、ましてや神と共に過ごす、甘美さを楽しむことでもなく、愛することに変わっていかなければなりません。私たちはこのことをよく承知していながら「微妙な自尊心が混じり込んで、神よりも自分の満足を求めていることが見分けられなくなっているのです」とテレサ（注）は書いています。

しかし、本当に神を愛し始めた人にはこの見分けがつきます。愛は愛する方が何を喜ばれるかを、すぐ感じ取る能力を持っているから間違うことがありません。愛が完全になると、それは愛する者を満足させるために自分自身の満足を忘れさす力を持つものです（「創立史」５）。こうして、愛はますます深くなっていくでしょう。

あなた方は、崇高な存在です。愛が鍵です。愛が宇宙を構成しています。現在、地球に存在する技術はある程度の発展しかできません。それは、人類は愛が必要であることを理解していないからです。エネルギーはあらゆる形態の創造を可能にしてくれますが、人間が貧欲、憎悪あるいは光の方向を向いていない感情を持って仕事をするとき、ある程度の前進しか許されません。そのようなあり方の振動数で入手できる情報は限定されているのです。

光はあなた方に情報をもたらします。

音は情報を伝えるもう一つの方です。

音と光は、お互いに絡み合っています。音は一定の周波数を持っていて、身体はそれを感じとります。身体は周波数の受信性に反応するように仕掛けられています。ベートーベンやモーツァルトのように偉大な音楽家は、安定した性質の情報をもたらすようにコードされていました。音は進化するでしょう。こうしたハーモニックスを活用するにあたって、大事なことはハーモニックスが終わったときに静かにすることです。

地球の農場で、モーツァルトの曲を流したら植物が大きく成長し、大きな実がなったのです。実験でロック音楽を流したら、植物は枯れたのです。ある優良惑星では、ヨハン・シュトラウス二世作曲「美しく青きドナウ」に似た曲が流れていたそうです。

注：テレサはアヴィラの聖テレサでカルメル会の修道女でした。二〇一五年が生誕五百年にあたります。

093

勝五郎の生まれ変わり

『仙境異聞・勝五郎再生記聞』（平田篤胤）より

文政五年（一八二二年）武州多摩郡中野村（現在の東京八王子市）の農家に八歳の勝五郎という少年がいた。姉のふさや兄の乙次郎と一緒に田んぼで遊んでいたある日のこと、勝五郎が「兄さん、もともとどこの子どもだったのが、こっちの家に生まれてきたの？」と聞き出したので、乙次郎が「そんなこと知らない」と答えると、今度はふさに向かって同じ質問をした。ふさが「おかしなことを聞くんだね」と、とがめたところ、「本当に知らないのか」と不思議そうな顔をしたので、「だったらおまえは知っているの？」とたずねた。すると勝五郎は、「よく知っている。オイラはもと程窪村の久兵衛の息子で、母の名はおしづという。オイラが小さいときに久兵衛は死に、そのあとにやってきた半四朗という人もかわいがってくれたけれど、オイラは六歳で死んでしまった。今のお母さんのお腹に入り、この家の子として生まれてきたんだ」と語った。その後、祖母に詳しく言った。「オイラは病気で死んだ。山へ葬られていく時は白い布で覆われた厨子《ずし》に乗っていた。桶が穴へ落とされた時、衝撃を感じた。お坊さんがお経を読んでも、オイラには何の慰めにもならなかったので、家へ帰って、家にいた人に声をかけた。でも気づかなかった。その時、白い髪を垂らして黒い着物を着たおじいさんが現れて『こっちへおいで』と誘うので、ついて行くと、だんだん高いところへと上っていった先にきれいな草原が広がっていた。花がたくさん咲いていたので、枝を折ろうとしたら、鳥が出てきて驚いた。草原では、家で自分のことを話す親たちの声が聞こえた。供え物をしてくれたのも分かった。温かい供え物は湯気の香りが甘いと感じ、うれしかった。しばらく草原で遊んでいたら、おじいさんが『この家の中へ入って生まれなさい』と言われた。ほどなくしてお母さんのお腹に入った」

その後、両親が元の家を尋ねたらすべて真実であった。

094 謙遜は真理のうちに歩むこと

真理＝本当のこと、正しい想念。

ある時、私（テレサ）はいったいなぜ主はあれほど謙遜の徳がお好きなのかと考えていました。するとある時「それは、神は至高の真理でおいでになり、謙遜とは真理のうちに歩むことであるから」という答えが浮かびました。私たちが自分自身として何も良いものを持たず、みじめさと虚無にすぎないということは本当に大きな真理です。これをよく分かる程、真理のうちに歩んでいますから、それだけ、至高の真理の御心に叶うのです（「霊魂の城」第六住居）。

ある人々は主の賜物を認めないで、それで謙遜の行為をしていると想像しています。しかし、主の賜物に富まされていることが分かれば分かる程、霊魂はとりわけ真の謙遜に進歩し、神に対して、ますます大きな負い目のあるものとして振る舞い、一層の熱心を持って主に仕えるため勇気を起こします（「自叙伝」十章）。

最高の真理である神を親しい友として生きていたテレサは、いつも、この神の前で自分がどのような者であるかをはっきり知っていました。ですから、「地球上で生きている限り、謙遜ほど私たちに必要なものはないのです」と修道女たちに繰り返していたのでした。

真理のうちに歩むとは神が見ておられる見方で自分自身を見ること、神の真実と私の真実というこの真理の発見なしには、本当の祈り、神と私との真実の触れ合いはあり得ないからです。

私たちがたびたび謙遜だと思っている「私にはできません」と言ってすべてを避け

ようとする態度は、真理から、すなわち神から離れていく偽りの謙遜です。偉大な神と出会うなら、自分自身の小ささは、神のためにどんなことでも引き受ける用意がある聖なる大胆さに常に開かれていくでしょう。これこそ常に真理そのものである神と共に生きている謙遜な人です。

このことを美しく表現した、近代の若い福者アラビア人カルメリットの次の言葉を紹介しましょう。

「謙遜には神の味があります」

095

神を知るように務める

神を知るように務めない限り、私たちは決して自分をよく知るようにはなりません。

神の偉大さを眺めれば、自分の卑しさがよく見えて謙遜を思うとき、自分がいかにそれから遠いかが分かるでしょう。

もし、私たちが自分のみじめさの泥から少しも抜け出ずにいるなら、その考えを謙遜などと思ってしまいます。それは私たちまだ自分自身を知らないところから来るのです。自己認識がゆがんでいるのです。

もし、自分自身の考察から一歩も出ずにいるならば、こうした結果は少しも驚くにあたりません。それだからこそ私は、目を私たちの宝イエス・キリストに注いでいかなければならないというのです。そのもとでこそ真の謙遜（本当の自己認識）が学べるでしょう（「霊魂の城」第一の住居）。

テレサは、神がどのような方であるかという事実を知ることなしには、「私」という存在の事実の姿も知ることはできないことを、自らの経験によってよく知っています。そして、この正しい自己認識の上に立っていれば、神との真の友情の交わりである本物の「祈り」はあり得ないということも、つまり誰に祈っているのか、そして自分は誰なのかということが、一番の基本としてあるわけですから。

自分自身の現実を知ることは何よりも大切です。しかし、これは神との出会いなしには獲得できない宝です。祈りの道は、一つのレールともう一つのレール、一つは神を知ること、もう一つは自分を知ること、このレールの上を進んでいくのです。すなわちこの二つのレールに常に乗って進む必要があるのです(「カルメル会」)。

096 聖大ヤコボ

十二使徒はみな庶民の出で、聖霊降臨前までは自分たちのうちで誰が一番偉いかと論議したり、主の御受難の時に逃げ隠れするような欠点の多い者でした。

その一人、大ヤコボもはじめは上席をねらう野心家でしたが、ひとたび聖霊を受けると、命を捧げるまでに大胆に人々の救霊のために働きました。ヤコボはキリストの時代、ガリラヤ湖畔の貧しい漁師の子として生まれました。父はゼベデオといい、母のサロメは聖母のいとこにあたり、後に主や弟子たちの身辺の世話をした敬虔な婦人でした。福音史家聖ヨハネはヤコボの弟です。

ある日、ヤコボとヨハネの兄弟は父と共に、小型漁船の上で網を繕っていました。そこにイエスが二、三人の弟子を連れておいでになり「私に従いなさい」と言って、二人を召されました。すると二人は、ただちに船と父を置いて、これに従いました。

ヤコボ兄弟は主から〝雷の子〟と呼ばれるだけあって、性質が激しく純情いちずにキリストを敬愛しました。主もまたこの兄弟をペテロと共に最も信任しました。そこで、ヤイロの娘を復活させられた時も、タボル山上の時も、ゲッセマニの園で血の汗を流された時にも、この三人だけをお連れになったのでした。

しかし、ヤコボには激情家につきものの、短気な面がありました。サマリアのある町で主が一夜の宿を断られたとき、ヤコボ兄弟はかっとなり、「彼らを殺してはいかがですか」といきまきました。彼らは限りなく人の過失を許すべく福音的愛徳と忍耐をまだ飲み込んでいなかったらしいのです。「あなたたちは自分がどんな精神の持ち主かが分かっていない。人の子が来たのは、他魂を滅ぼすためでなく、救うためではなかったのか」と主は厳しくお叱りになりました。

ご死亡の三カ月前、主は使徒たちにご受難の迫ったことを話しました。使徒たちは、前にも二度ほどこの話を聞いていたにもかかわらず、御言葉の真意が十分に分かりませんでした。

彼らの目に映ったイエスはローマ軍を相手にユダヤ民族解放のために戦う英雄です。その聖戦中、主は不幸にして戦死されますが、すぐに復活して陣容を整え、大勝利で全世界を統一し、神のみ旨を建てて永久にこれを治められます。その時は自分たちも大臣の椅子につけます。こうした誤解から主の話が終わると、ヤコボ兄弟が母に頼んで自分の気持ちをイエスに取り次いでもらいました。サロメは二人を連れて御前に進み、「どうぞ、私の一人の子を、御国においては、一人は主の右に一人は主の左に座われる身分をお取り立ててくださいませ」

イエスは地上の王国を夢見るこの救い難い誤解を嘆かれ、「あなたたちは願うところが分からない。あなたたちは私の飲もうとする杯を飲みうるか」とお尋ねになりました。杯を飲むとはキリストの苦難にあやかることです。しかし二人は、聖戦の際の艱難と思い「はい、できます」と答えました。イエスは彼らの未来を予言して、「実際、あなたたちは私の杯を飲み干しうるだろう、しかし、私の左右の席は私が勝手に与えるわけにはいかない。私の父からそれを受けるべき価値ある人に与えられるのである」と仰せになられました。

主の御受難の時、逃げ隠れしたヤコボも、聖霊降臨後はユダヤ、サマリアの諸地方へ積極的に福音を伝え、多くの人々に洗礼を授けました。晩年にはエルサレムの教会を司牧し信者未信者からも大いに尊敬されていました。四四年、ヘロデ・アグリッパ王はヤコボの信仰をねたんだファリサイ人たちの先導にのせられて、ヤコボを捕えて斬首しました。こうして主の苦しみの杯を飲み干したヤコボは、天国で主の右に座す栄誉を獲得したのです。

ヤコボの遺体は、後にスペインのコンポステーラ大聖堂に安置され、有名な巡礼地になっています。多くの癒やされた例にリウマチがあります。

097

キリストにならいて

『キリストにならいて』（トマス・ア・ケンピス著）より

『純真な気持ちとあっさりした意向』

☆人は地上的なものから高く上げられるために二つのものを持っている。それは単純性と純真性である。

☆単純性はその意向に、純真性はその感情にある。

☆単純性は神を目指し、純真性は神を把握し、神を味わう。

☆おまえが内的によこしまな感情から解放されているなら、どんな善業をするにも別に妨げはない。

☆神のみ旨にかなうことと、他人に貢献すること以外に、なにをも意図せず、また、求めないならば、おまえは内的自由に恵まれるであろう。

098 秋田の聖母

聖母出現を受けた聖体奉仕会のシスター笹川は昭和六年生まれ。娘時代に盲腸手術の麻酔の失敗で半身付随となり、手術を受けても危篤状態になりましたが、ルルドの水を一口含ませたら、すぐに意識が戻り奇跡的に治りました。

しかし、一九七三年から難聴の聴覚障害者になりました。一九七三年六月十二日、聖櫃《せいひつ》の扉を開けようとすると、突然まばゆい光に打たれたのです。六月二十八日、両方の手のひらに十字形の聖痕が出来、腫れで痛みました。

七月五日、激痛で一睡もしてなくて、ガーゼを取り変えて祈っていたところ、夜明け三時ごろ、一人の美しい女性が「恐れおののくことはない。あなたたちの罪だけではない。すべての人の罪の償いのために祈ってください。今の世界は、忘恩と侮辱で、主の聖心を傷つけています。マリア様の傷はあなたの傷より一層深く痛んでいます。さあ、御御堂《おみどう》へ行きましょう」と言って消えました。

一歩、御御堂に入った途端、木彫りの聖母像から、耳が聞こえないはずの彼女に声が聞こえました。

「私の娘よ、修練女よ、すべてを捨ててよく従ってくれました。耳の不自由はきっと治りますよ。忍耐してください。最後の試練です。手の傷は痛みますか？　人々の償いのために祈ってください。ここの一人一人がかけがえのない娘です」

次の日、聖母像の手から血が流れました。八月三日、聖母像の顔から汗が流れて、バラとユリとスミレの香りがしました。

一九七五年一月四日から涙が流れました。シスター笹川の耳は前年に奇跡的に治りました。一九七五年、秋田大学で鑑定したところ、人間の血液でB型、涙と汗は人体液でした。

一九八一年九月十五日、１０１回の涙が流れて、これが最後の奇跡の涙となったのです。九月二十八日、天使が現れ、１０１の意味を説明しました。

「涙を流されたこの１０１という数字には意味があります。一人の女（イヴ）によって罪がこの世に来たように、一人の女（聖母）によって救いの恵みがこの世に来たことを象《かたど》るものです。数字の１と１の間に０があり、その０は永遠にわたって存在する神を意味しています。はじめの１はイヴを表わし、終わりの１は聖母を表わすものです」

そう語ると光の天使は消えました。

すなわち聖母の役割は、終末に人類を救うために出現し、サタンである蛇の頭をきびすで踏みつぶし、罪にとらわれた人類を救うと預言されていたのです。それが、神が定めた計画であり、その計画が１０１の涙で暗示されていたのです。重篤《じゅうとく》な脳腫瘍の韓国の婦人が、この聖母に祈ってもらい完治したそうです。

日本の聖母出現も、世界の聖母と同じようにすごいことです。私たちは天の望みを理解して、反省し精進しなければと思います。

099

聖ヨハネ・ドン・ボスコ

サレジオ会の創立者。

一八一五年、北イタリアのトリノ市に近いベッキで生まれました。「ヨハネ」の霊名で洗礼を受けた時、祝ってくれた人は両親と代父母だけでしたが、七十三年後、彼が亡くなった時は十万人以上が葬儀に参列したのです。

それまで冷たく厳しかった学校を、人間的に温かい教師と生徒のむつみ合う場所に変え、甘やかすことなく、柔和で健全な社会人となるようにしました。教師はただ教壇から教えるだけでなく、運動場に降りて生徒と一緒にボールを投げたり、一緒に歌をうたったり、課題研究を手伝ったりしました。

彼の青少年の教育の成功の秘訣もそこにあったのです。人々は群れをなして彼の足もとに押し寄せました。奇跡を起こしたこともしばしばでありました。
一八八八年一月三十一日早朝、天国へ上りました。

100 宇宙人ヴァルの言葉

『大統領に会った宇宙人』（フランク・E・ストレンジズ著）より
「フランク、全能の神の庇護《ひご》なしでは生きていくことはできない。わたしたちは神の力に守られているけれど、きみたちは神の息子イエス・キリストに加護を求めなければならないんだ。イエスのご加護を毎日得ることは、精神の安寧《あんねい》にとって大切であるばかりでなく不可欠でもあるんだ。きみにはこの惑星でなしとげるべき使命がある。そしてそれはルシファーの王国にとって直接的な脅威だから、ほかならぬルシファーの軍団に対抗することになる。

キリストの教えを実践し主イエスに恥じない生き方をしなさい。わたしたちは、手助けはするが、決断するのはきみたちなんだ。たとえ正しくない、間違った決断をしたとしても、その誤りから学んで、主イエス・キリストが、きみたちと闇の仕業に組みした者たちとを区別し、晴れて神の御もと到達点にたどりつけるように努力しなさい」

101 結論としての魂のレベルアップ

魂のレベルアップをするための七つの法則をまとめました。

1. 魂のレベルアップ（成長）には、正直が一番重要。

2. 良い想念、行動が重要。

3. UFO、気功、瞑想、ヘミシンクなどは洗心を実行して、魂をレベルアップするための手段であり目的ではない。

4. 良心に目覚め、魂がレベルアップすれば超能力なども自然についてくる。

5. 超能力にも神の力と魔の力と二つあるので、気をつけるように。

6. 魂がレベルアップすれば自然に良い行動ができる。

7. 洗心すると魂がレベルアップして愛深くなる。

☆いつも持つべき正しい心。
自分がしてほしいことを、他人にしましょう。
創造主にいつも感謝しましょう。

おわりに

西洋音楽は神様をたたえる曲である、と認識できました。クラシック音楽のように穏やかな曲は、脳にアルファ波を生み、心身共にレベルアップできるのです。あるＵＦＯ研究家二人はリラックスして「３声のミサ曲」などを聴いている時、覚醒（悟り超能力）したそうです。

ＵＦＯは想念に反応して出現してくださるのですが、アダムスキー氏が述べたように、想念の一方通行ではなくて宇宙人の声を聞けたらと願っております。

神に感謝！　宇宙人さんに感謝！

先日、本棚で輝いて見えたお勧めの本『ＥＴに癒された人たち』（韮澤潤一郎監修たま出版）は、癒やされた実例がたくさん載っていて深遠で素晴しかったです。

そして、秋田の聖母が流された涙は101回。101には意味があります（本書に記載）。菲澤社長様がひらめいた本書のタイトル「キーワード101」にも意味があると思います。

本書の出版が決定したころ、「天からバラの花ビラがヒラヒラ降る」のを幻視しました。天が喜んでいると思いました。

皆様の上に、天の祝福がありますように‼

菲沢社長様をはじめ、中村専務様、竹島正様に感謝申し上げます。

●参考文献

『聖人たちの生涯』　池田敏雄著　中央出版社
『UFOコンタクティー　ジョージ・アダムスキー』　久保田八郎訳　中央アート出版社
『キリスト教の事典』　遠藤周作編著　三省堂
『天使と悪魔の秘密』　久保有政著　学　研
『5次元入門　アセンション&アースチェンジ』　浅川嘉富著　徳間書店
『通貨なきユーアイ・シデレウスの世界　アプ星で見て、知って、体験したこと　むかし、むかし、地球はアプ星の一部だった』　ヴラド・カペタノヴィッチ著　ヒカルランド
『そうだったのか　宇宙人と銀河世界とこの世の超仕組み　銀河人へのパスポート』　大谷篤著　ヒカルランド
『シスター鈴木の臨死体験』　鈴木秀子著
『神の探求Ⅰ』『神の探求Ⅱ』　エドガー・ケイシー口述　たま出版
『大統領に会った宇宙人』　フランク・E・ストレンジズ著　たま出版
『秋田の聖母マリア』　安田貞治著　聖体奉仕会
『空飛ぶ円盤同乗記』　ジョージ・アダムスキー著　高文社
『新アダムスキー全集2　超能力開発法テレパシー能力の秘密とその実践』

ジョージ・アダムスキー著　中央アート出版
『プレアデス星訪問記』上平剛史著　たま出版
『アセンションへの道』ジーナ・レイク著　ナチュラルスピリット
『テオドールから地球へ』ジーナ・レイク著　たま出版
『わたしは金星に行った!!』S・ヴィジャヌエバ・メディナ著　たま出版
『アミ小さな宇宙人』エンリケ・バリオス著　徳間書店
『生命と宇宙』関英男著　ファーブル館
『四次元世界の謎』内田秀男著　大陸書房
『ツインソウル』エンリケ・バリオス著　徳間書店
『前世』江原啓之著　徳間書店
『プリズム・オブ・リラ』リサ・ロイヤル著　ネオデルフィ
『ルルドへの旅』アレキシス・カレル著　エンデルレ書店
『あなたはまもなく銀河人になる』ジュード・カリヴァン著　徳間書店
『シルバーバーチ最後の啓示』トニー・オーツセン編　ハート出版
『時間のない領域へ』マイケル・J・ローズ著　ナチュラルスピリット
『キリストのご受難を幻に見て』アンナ・カタリナ・エンメリック著　光明社
『仙境異聞・勝五郎再生記聞』平田篤胤著　子安宣邦校注　岩波書店
『キリストにならいて』トマス・ア・ケンピス著　岩波書店

<著者プロフィール>

児島　由美（こじま　ゆみ）

1948年　東京生まれ。
東京女学館中学・高校卒業。
武蔵野音楽大学ピアノ科卒業。
魚菉学園と聖グレゴリオ宗教音楽研究所で各々１年学ぶ。
アメリカ・ニュージャージー・フェアローン・コミュニティースクール修了。
元日本ビクター音楽教室講師。ＵＦＯ研究家。
趣味は花鳥風星。

宇宙人と聖人と超人のキーワード101語録集

2014年９月９日　初版第１刷発行

著　者　児島 由美
発行者　韮澤 潤一郎
発行所　株式会社 たま出版
〒160-0004 東京都新宿区四谷4－28－20
☎ 03-5369-3051（代表）
http://tamabook.com
振替　00130-5-94804

組　版　一企画
印刷所　株式会社エーヴィスシステムズ

ISBN978-4-8127-0373-1　C0011